环保公益性行业科研专项经费系列丛书

黄姜皂素行业污染防治技术评估

沈晓鲤　兰华春　吕建波　向罗京　朱重宁　康　瑾　刘会娟　编著

中国建筑工业出版社

图书在版编目（CIP）数据

黄姜皂素行业污染防治技术评估/沈晓鲤编著．—北京：
中国建筑工业出版社，2016.10
（环保公益性行业科研专项经费系列丛书）
ISBN 978-7-112-20045-0

Ⅰ.①黄…　Ⅱ.①沈…　Ⅲ.①姜-化学工业-污染防治-
研究　Ⅳ.①X789

中国版本图书馆 CIP 数据核字（2016）第 260477 号

本书以实地调研的翔实数据说明黄姜皂素传统生产工艺的污染状况，并重点反映行业在环保倒逼机制推动下的升级改造；通过评估展示了开展污染防治技术攻关取得的应用性成果，包括黄姜皂素生产末端废水处理技术、几种典型清洁生产工艺在减排降耗上取得的效果。本书还收集了甾体激素药的产业链以及国内外市场行情的资料数据，分析黄姜皂素市场波动对行业发展及环境污染防治的影响，希望对关心环保的皂素及甾体医药行业的人士有所裨益。

本书可供环境管理人员、环境工程技术人员阅读，也可作为环境管理专业的清洁生产案例教学参考书。

责任编辑：王美玲
责任设计：李志立
责任校对：王宇枢　焦　乐

环保公益性行业科研专项经费系列丛书
黄姜皂素行业污染防治技术评估
沈晓鲤　兰华春　吕建波　向罗京　朱重宁　康　瑾　刘会娟　编著

*

中国建筑工业出版社出版、发行（北京海淀三里河路9号）
各地新华书店、建筑书店经销
唐山龙达图文制作有限公司制版
北京市书林印刷有限公司印刷

*

开本：787×1092 毫米　1/16　印张：5½　字数：132 千字
2017 年 2 月第一版　　2017 年 2 月第一次印刷
定价：**18.00** 元
ISBN 978-7-112-20045-0
（29426）

序　言

我国作为一个发展中的人口大国，资源环境问题是长期制约经济社会可持续发展的重大问题。党中央、国务院高度重视环境保护工作，提出了建设生态文明，建设资源节约型与环境友好型社会，推进环境保护历史性转变，让江河湖泊休养生息，节能减排是转方式调结构的重要抓手，环境保护是重大民生问题，探索中国环保新道路等一系列新理念新举措。在科学发展观的指导下，环境保护工作成效显著，在经济增长超过预期的情况下，主要污染物减排任务超额完成，环境质量持续改善。

随着当前经济的高速增长，资源环境约束进一步强化，环境保护正处于负重爬坡的艰难阶段。治污减排的压力有增无减，环境质量改善的压力不断加大，防范环境风险的压力持续增加，确保核与辐射安全的压力继续加大，应对全球环境问题的压力急剧加大。要破解发展经济与保护环境的难点，解决影响可持续发展和群众健康的突出环境问题，确保环保工作不断上台阶出亮点，必须充分依靠科技创新和科技进步，构建强大坚实的科技支撑体系。

2006 年，我国发布了《国家中长期科学和技术发展规划纲要（2006—2020 年）》（以下简称《规划纲要》），提出了建设创新型国家战略，科技事业进入了发展的快车道，环保科技也迎来了蓬勃发展的春天。为适应环境保护历史性转变和创新型国家建设的要求，原国家环境保护总局于 2006 年召开了第一次全国环保科技大会，出台了《关于增强环境科技创新能力的若干意见》，确立了科技兴环保战略；2012 年，环境保护部召开第二次全国环保科技大会，出台了《关于加快完善环保科技标准体系的意见》，全面实施科技兴环保战略，建设满足环境优化经济发展需要，符合我国基本国情和世界环保事业发展趋势的环境科技创新体系、环保标准体系、环境技术管理体系、环保产业培育体系和科技支撑保障体系。几年来，在广大环境科技工作者的努力下，水体污染控制与治理科技重大专项实施顺利，科技投入持续增加，科技创新能力显著增强；现行国家标准达 1500 余项，环境标准体系建设实现了跨越式发展；完成了 100 余项环保技术文件的制修订工作，确立了技术指导、评估和示范为主要内容的管理框架。环境科技为全面完成环保规划的各项任务起到了重要的引领和支撑作用。

为优化中央财政科技投入结构，支持市场机制不能有效配置资源的社会公益研究活动，"十一五"期间国家设立了公益性行业科研专项经费。根据财政部、科技部的总体部署，环保公益性行业科研专项紧密围绕《规划纲要》和《国家环境保护科技发展规划》确定的重点领域和优先主题，立足环境管理中的科技需求，积极开展应急性、培育性、基础性科学研究。"十一五"以来，环境保护部组织实施了公益性行业科研专项项目 479 项，涉及大气、水、生态、土壤、固废、核与辐射等领域，共有包括中央级科研院所、高等院校、地方环保科研单位和企业等几百家单位参与，逐步形成了优势互补、团结协作、良性竞争、共同发展的环保科技"统一战线"。目前，专项取得了重要研究成果，提出了一系列控制污染和改善环境质量技术方案，形成一批环境监测预警和监督管理技术体系，研发出一批与生态环境保护、国际履约、核与辐射安全相关的关键技术，提出了一系列环境标准、指南和技术规范建议，为解决我国环境保护和环境管理中急需的成套技术和政策制定提供了重要的科技支撑。

为广泛共享"十二五"以来环保公益性行业科研专项项目研究成果，及时总结项目组织管理经验，环境保护部科技标准司组织出版环保公益性行业科研专项经费系列丛书。该丛书汇集了一批专项研究的代表性成果，具有较强的学术性和实用性，可以说是环境领域不可多得的资料文献。丛书的组织出版，在科技管理上也是一次很好的尝试，我们希望通过这一尝试，能够进一步活跃环保科技的学术氛围，促进科技成果的转化与应用，为探索中国环保新道路提供有力的科技支撑。

中华人民共和国环境保护部副部长

吴晓青

2011 年 10 月

前　　言

黄姜皂素，是我国医药产业的一大支柱——甾体激素药生产的重要起始原料。黄姜皂素行业的规模不大，但污染重、环境影响大，特别是因产业集群处于环境十分敏感的南水北调中线水源区，污染治理与行业的整治关系到中线水源地的生态环境的长治久安。国家先后颁布了有关的产业政策（《产业结构调整指导目录》）和《皂素工业水污染物排放标准》GB 20425—2006，以遏制黄姜皂素行业无序发展对国家重要水源地的污染，国家和地方（产业集中的鄂、陕两省）组织污染治理技术攻关，其中有国家"十一五"科技支撑计划重大项目——"丹江口水源区黄姜加工新工艺关键技术研究"以及湖北省与陕西省的有关黄姜皂素污水处理技术、清洁生产技术研究开发的科技攻关项目等，推动了黄姜皂素水污染治理技术的发展。

为加强重点行业污染防治的技术支撑，黄姜皂素行业污染防治技术评估研究列入了（2009 年度）环保公益性行业科研专项项目，由中国科学院生态环境研究中心、清华大学、湖北省环境科学研究院联合组成课题组承担该专项课题的研究工作。课题组在广泛调研的基础上，筛选一批具代表性的黄姜皂素企业，深入生产第一线测试生产工艺参数，在企业废水处理站采样、分析，考核处理率与达标情况，这些工作的成果都反映在本书的第3、第 4、第 5 章。本书突出反映了以"土、小"企业为主黄姜皂素行业的面貌在环保倒逼机制推动下的升级改造，第 4、第 5 章是本书中心内容，以翔实的测试数据展示开展污染防治技术攻关取得的应用性成果，包括黄姜皂素生产末端废水处理技术、几种典型清洁生产工艺在减排降耗上取得的效果，并进行（和传统工艺）对照评估。黄姜皂素行业污染防治关系到整个甾体激素药的产业链，以及国内外市场，作者收集了这方面大量资料，第2 章的综述重点分析黄姜皂素市场波动对行业发展及环境污染防治的影响，旨在为环境管理提供技术支撑。全书最后提出了行业绿色发展的政策建议。

黄姜皂素产区的市县环保部门第一线监察、监测人员担负着保护中线水源的重责，监督、监管黄姜污染工作十分辛苦，为此希望本书能为环保管理工作者开阔视野，进一步为提高管理水平发挥作用。

特别感谢中国地质大学（武汉）郭湘芬教授、湖北省黄姜产业技术创新战略联盟洪岩理事长、十堰市环境保护局王子捷总工程师对黄姜皂素行业污染防治技术评估研究项目的开展和本书编写时给予的宝贵支持。

由于作者能力有限，所写内容未必能赶上黄姜皂素行业污染防治的形势发展，难免有谬误，还希望读者多提宝贵意见。

目　录

第1章　甾体激素药源植物——盾叶薯蓣研究概述 ·········· **1**

1.1　盾叶薯蓣植物学研究 ··············· **1**
  1.1.1　植物学特征 ·················· 1
  1.1.2　自然更新、人工抚育及引种栽培 ········ 3
  1.1.3　组织与细胞培养 ··············· 4

1.2　薯蓣皂素在盾叶薯蓣中的存在与分离提取 ······· **4**
  1.2.1　薯蓣皂素 ·················· 4
  1.2.2　薯蓣皂素的分离提取 ············· 5

第2章　黄姜皂素与甾体激素药物：产业链及市场概况 ····· **7**

2.1　甾体激素类药物发展沿革 ············· **7**
  2.1.1　甾体激素类药物简述 ············· 7
  2.1.2　甾体激素类药物的分类及其作用 ········ 8
  2.1.3　甾体激素类药物的原料及合成技术 ······· 9
  2.1.4　薯蓣皂素生产与我国甾体激素医药工业的发展 ·· 12
  2.1.5　国内甾体激素药物主要生产商 ········· 13

2.2　黄姜皂素行业的发展与产业链 ··········· **13**
  2.2.1　黄姜资源与种植业 ·············· 13
  2.2.2　原料药—中间体—下游产品 ·········· 15
  2.2.3　黄姜皂素行业面临的问题 ··········· 15

2.3　黄姜皂素市场与供求关系分析 ··········· **19**
  2.3.1　不稳定的供求关系 ·············· 19
  2.3.2　剧烈波动的价格 ··············· 20
  2.3.3　皂素供求影响因素分析 ············ 21
  2.3.4　皂素近期需求量与产能分析 ·········· 22

第3章　黄姜皂素生产及环境污染问题 ··········· **23**

3.1　黄姜皂素生产工艺概述 ·············· **23**
  3.1.1　直接酸水解 ················· 23
  3.1.2　预发酵 ··················· 23
  3.1.3　预发酵—酸水解工艺 ············· 23
  3.1.4　生产工艺流程与设备 ············· 24

3.2 黄姜加工皂素的生产过程及污染排放 ………………………………… **24**

    3.2.1 原料的处理与初加工 …………………………………… 24

    3.2.2 酸水解与水解物的清洗过程 …………………………… 25

    3.2.3 汽油提取皂素 …………………………………………… 27

    3.2.4 传统生产的资源消耗 …………………………………… 27

3.3 黄姜皂素生产的环境污染与防治问题 ………………………………… **28**

    3.3.1 传统生产的水污染排放特点 …………………………… 28

    3.3.2 黄姜废水处理问题 ……………………………………… 29

    3.3.3 黄姜皂素行业污染防治的困境 ………………………… 29

3.4 南水北调中线水源保护对黄姜行业的环保要求 ……………………… **31**

    3.4.1 黄姜产业集群区的形成特点 …………………………… 31

    3.4.2 南水北调中线工程水源区及水源保护规划 …………… 31

3.5 黄姜皂素行业的生存与发展之路 ……………………………………… **33**

    3.5.1 政策与产业需求 ………………………………………… 33

    3.5.2 清洁生产与产业转型升级 ……………………………… 34

第4章 黄姜皂素生产废水治理: 处理工艺与运行评估 ……………… **35**

4.1 黄姜皂素废水处理技术概况 …………………………………………… **35**

    4.1.1 黄姜皂素废水处理技术 ………………………………… 35

    4.1.2 几项典型的废水处理组合工艺 ………………………… 35

4.2 工程应用实例: 调研及工艺技术评估 ………………………………… **37**

    4.2.1 石灰石中和—微电解—两级水解酸化—UASB—三级生物接触氧化—碳滤组

        合工艺 …………………………………………………… 38

    4.2.2 石灰中和—两级 UASB—缺氧/好氧组合工艺 ……… 40

    4.2.3 石灰中和—内电解—水解酸化—UASB—二级接触氧化池—生态塘组合

        工艺 …………………………………………………… 43

4.3 黄姜皂素废水处理运行状况后评价 …………………………………… **46**

    4.3.1 皂素生产清洁生产对末端治理的影响 ………………… 46

    4.3.2 皂素生产废水处理工艺及运行问题分析 …………… 46

第5章 黄姜皂素清洁生产工艺及水平评估 ……………………………… **49**

5.1 黄姜皂素行业推行清洁生产的概况 …………………………………… **49**

    5.1.1 清洁生产工艺技术的科研攻关 ………………………… 49

    5.1.2 提高得率的技术进步 …………………………………… 50

    5.1.3 开拓资源回收利用 ……………………………………… 50

    5.1.4 清洁生产技术攻关 ……………………………………… 50

    5.1.5 典型工艺 ………………………………………………… 50

5.2 黄姜皂素清洁生产工艺与水平测试 …………………………………… **51**

    5.2.1 物理分离法工艺 ………………………………………… 51

    5.2.2　糖液分离法工艺 ···························· 56

    5.2.3　微波破壁—甲醇提取法工艺 ·············· 61

5.3　清洁生产工艺水平评估 ···················· **64**

    5.3.1　评估指标体系的建立 ······················ 65

    5.3.2　评估指标有关专业术语的定义 ············ 65

    5.3.3　典型清洁生产工艺指标测试结果汇总 ······ 66

    5.3.4　评估的定量与定性指标确定 ·············· 67

    5.3.5　典型清洁生产工艺水平综合评估结果 ······ 69

第6章　黄姜皂素行业绿色发展的政策建议 ·········· **72**

附录　黄姜皂素生产工艺参数的测定及分析方法 ······ **74**

主要参考文献 ································ 79

第1章　甾体激素药源植物——盾叶薯蓣研究概述

1.1　盾叶薯蓣植物学研究

黄姜，学名盾叶薯蓣（*Dioscorea zingiberensis* C. H. Wright），系薯蓣科（*Dioscoreaceae*）薯蓣属（*Dioscrea* L.）。皂素（英语：saponin），是一个相对广义的概念，本书所述的皂素指薯蓣皂苷配基（亦称皂甙元、皂苷元），即薯蓣皂素（英语：diosgenin）。以黄姜为原料生产的皂素通常称为黄姜皂素，在我国是利用最广的合成甾体激素类药物和甾体避孕药等的重要医药化工原料。

20世纪50年代后期，为填补甾体激素药物的空白，我国医药工作者与植物科学家密切合作进行薯蓣皂素资源植物的调查，在短短几年里找到了资源丰富、含量高的激素起始原料植物——盾叶薯蓣，皂素含量最高可达16.15%，为世界上薯蓣皂素含量最高的种。盾叶薯蓣系我国特产的薯蓣种，两千多年前的《山海经》中就有"景山、北望少泽，其草多薯蓣"的记载，盾叶薯蓣被《中华人民共和国药典》（2000版）收载。

1.1.1　植物学特征

盾叶薯蓣是被子植物门，单子叶植物纲，薯蓣科薯蓣属，为多年生草质缠绕性藤本植物（图1-1）。盾叶薯蓣茎左旋，在分枝或叶柄的基部有时具短刺。单叶互生，盾形，叶面常有不规则块状的黄白斑纹，边缘浅波状，基部心形或截形（图1-2）。花雌雄异株或同株；雄花序穗状，雄花2～3朵簇生，花被紫红色，雄蕊6枚；雌花序总状穗状。蒴果干燥后蓝黑色，种子栗褐色，四周围以薄膜状翅。花期5～8月，生于溪流两侧山谷林边或灌木丛中。根茎（图1-3）在秋季采挖，晒干，根茎类圆柱形，常具不规则分枝，分枝长短不一，直径1.5～3cm，表面褐色，粗糙，有明显纵皱纹和白色圆点状根痕，质较硬，粉质，断面橘黄色。薯蓣皂苷存在于盾叶薯蓣的根茎中。[①]

图1-1　盾叶薯蓣植物学图

1. 生长环境[②]

盾叶薯蓣为我国特有种，分布于东经98°53′～112°50、北纬23°42′～34°10′范围内，包括秦岭以南，向东延伸到中条山以南、南岭以北的米仓山、大巴山、武当山、武陵山、雪峰山、衡山等山区，以及长江中游及其支流嘉陵江、汉江、澧水、沅江、资水等流域的

①　中国科学院植物总编辑委员会．中国植物志（第13卷）[M]．北京：科学出版社，1990：17。

②　丁志遵，唐世蓉等．甾体激素药源植物[M]．北京：科学出版社，1983：95-96。

低中山丘陵。野生盾叶薯蓣多分布于落叶混交林及常绿林内。生长地区自然条件，土壤主要为山地棕壤和山地黄壤，年平均温度 16～18℃，全年降水量 750～1500mm，全年无霜期 225～250d，日照时数为 1750～2000h。属亚热带地区的植物类型。

图 1-2　盾叶薯蓣叶面　　　　　　　　　　图 1-3　盾叶薯蓣根状茎

2. 物候期[①]

在湖北省武当山海拔 500m 地区，野生盾叶薯蓣的生育期为 200d 左右，4 月开始发芽，5 月中旬到 6 月下旬地上部分迅速生长，6 月中旬至 10 月中旬开花结果，8 月下旬雄花枯萎，10 月中旬果实成熟。野生盾叶薯蓣生长的适宜温度为 15～25℃，地温在 10℃左右时地上茎开始萌发出土，地下根状茎生长在地上的部分 5～7 月生长不明显，而 7 月下旬盛花期后地下根状茎生长迅速明显。

3. 生长发育

据观察，不论是野生的还是栽培的盾叶薯蓣，一个生长发育的周期可分为：苗期、营养期、孕蕾开花期、果期、根状茎生长期和枯萎倒苗期。[②]

4. 皂苷配基含量

薯蓣皂苷包括糖和皂苷配基两部分，存在于根状茎中。野生盾叶薯蓣的皂苷配基平均含量 2.5%，熔点 195～206℃，影响盾叶薯蓣皂苷配基含量的因素多而复杂，有关调查研究表明与下列一些因素有关：

1）产地地区影响

根据 1965～1978 年全国资源调查（包括四川、湖南、甘肃、陕西、湖北）结果，以湖北省西北部的武当山地区和陕西东南安康、石泉一带盾叶薯蓣所含薯蓣皂苷配基含量比较高。经调查，盾叶薯蓣皂苷配基的高低是与当地的土壤质地、pH、海拔、植被等主要环境因子有关。[③]

---

① 丁志遵，唐世蓉等．甾体激素药源植物 ［M］．北京：科学出版社，1983：95-96。
② 丁志遵，唐世蓉等．甾体激素药源植物 ［M］．北京：科学出版社，1983：95-96。
③ 徐成基．中国薯蓣资源——甾体激素药源植物的研究与开发 ［M］．成都：四川科学技术出版社，2000：45-46。

2）根状茎不同部位的含量差异

盾叶薯蓣根状茎由顶端生长向前延伸，可区分老根状茎和新根状茎，老茎薯蓣皂苷配基含量高，新茎含量低；嫩茎顶端的薯蓣皂苷元含量最高，须根及地上茎基段的含量很低。而且大部皂苷配基含量低的部分含水量低，干物质高；薯蓣皂苷配基含量高的，水分也高。

3）薯蓣皂苷配基含量与生长物候期的关系

地下根状茎营养物质的积累与消耗一定程度影响薯蓣皂苷配基含量。5～7月的根状茎皂苷配基含量高，有利于工业提取，但黄姜根状茎产量偏低；而秋末皂苷配基含量较低但黄姜产量高，故综合考虑采挖期一般在10～11月份。

1.1.2 自然更新、人工抚育及引种栽培[①]

1. 自然更新

野外资源调查发现，盾叶薯蓣在植物群落中不是优势种，种子成苗很少。野生条件下，盾叶薯蓣的小苗大多由根茎繁殖而来，生长缓慢。在武当山区进行的自然更新情况调查说明，状茎采挖后经过4～5年的自然更新很难恢复到原有的生长水平。

2. 人工抚育及半人工栽培

人工抚育试验在武当山地区进行，采取挖大留小、挖老留嫩的办法栽种600个根状茎，两年后统计留下的植株，到4年后留下的植株很少。结果表明人工抚育需要人为管理，否则解决不了盾叶薯蓣自然更新生长缓慢的问题。1964年武汉医药工业研究所在武当山海拔500m的荒地上进行半人工栽培，因土壤贫瘠，种后未予栽培管理，结果植株生长不良，根状茎只有原来的1/3～1/2。

3. 引种栽培

薯蓣采用种子繁殖和根茎繁殖，即有性繁殖和无性繁殖。种子繁殖可选育有效成分含量高、产量高、抗性强的优良单株留种，以提高盾叶薯蓣质量。试验种子繁殖以5～7月播种最佳，成长期较长，3～4年的根茎能供工业生产。根茎繁殖操作简单，植株生长快，成苗率高。选择生命力强、无病虫害的根茎为种根茎，生长2～3年收获，根茎中皂苷配基含量3%左右，可供工业生产。根茎繁殖以秋栽为宜。

20世纪80年代，农业科研单位和鄂西北、陕南地区的农业部门先后开展黄姜引种栽培试验获得成功，大面积推广种植，并形成了一套规范栽培模式（见本书第2章）。

4. 高含量盾叶薯蓣单株筛选

为引种栽培需要，科技工作者开展采集野生高产优质（高含量皂素）薯蓣单株的调查。1965～1978年江苏植物研究所与武汉医药工业研究所合作，陆续进行寻找、筛选（皂素含量8%以上）单株工作，在武当山区采集到最高含量16.15%的单株。单株筛选的结果表明，我国特有的盾叶薯蓣是世界上薯蓣植物中含薯蓣皂素最高的种，为培育高产优质的栽培品种提供了有利条件。

---

① 丁志遵，唐世蓉等. 甾体激素药源植物［M］. 北京：科学出版社，1983：98-104。

1.1.3　组织与细胞培养

国内外对薯蓣植物进行了大量的组织培养和细胞培养的试验研究，以解决甾体激素原料短缺。许多甾体组分从组织培养中分离出来，同时许多甾体被用作组织和细胞培养材料，研究其生物合成及转换。

（1）薯蓣皂苷主要分布于薯蓣植物根状茎中，根状茎主要由周皮、基本组织和散生在基本组织中的维管束三部分组成，周皮细胞的分裂和体积增大使根状茎迅速生长，薯蓣皂苷主要分布于基本组织薄壁细胞中。利用植物组织培养技术繁殖薯蓣植物，既可保存种质资源，又能快速繁殖优良品种；而且可解决种源问题，并能有效防止种质退化。1978 年，中科院成都生物研究所对优质盾叶薯蓣进行组织培养研究，诱导了大量愈伤组织，并从愈伤组织中提取出薯蓣皂甙元。[①]

（2）利用细胞培养技术，通过改变培养基和培养条件，选择高产细胞株，添加前体以及调节合成途径等方法，可提高植物细胞培养中次生代谢物的含量；利用组织和细胞培养技术，在薯蓣属植物方面进行品种改良、无性快速繁殖。另外，细胞克隆培养技术研究也在开展（国家自然科学基金资助项目，项目编号：3870248），选用高含量薯蓣皂素植株进行克隆细胞悬浮培养，以期不依靠野生资源工业化生产皂素。

1.2　薯蓣皂素在盾叶薯蓣中的存在与分离提取

黄姜（盾叶薯蓣）作为一种药源植物，其中最有价值的成分是薯蓣皂苷及其配基，即黄姜皂素。干黄姜中淀粉占 45%～50%，纤维大约 35%～40%，皂素 2%～3%，其他成分（<0.1%）有脂类、蛋白质、色素、生物碱、黄酮类、酚类、单宁等微量化学成分；而新鲜黄姜的根茎中的水分要占 70%～75%，干物质（约占 25%）的主要成分是淀粉和纤维，二者占其组成的绝大部分，皂素不足 1%。

薯蓣皂苷主要包括糖和皂苷配基。皂苷中所含糖类有 10 余种，包括戊糖、己糖、去氧糖、酮糖、糖醛酸等，其中常见的有 D-葡萄糖、D-木糖、D-半乳糖、L-鼠李糖、L-阿拉伯糖等。糖链多与皂苷配基的 C_3-羟基相连，原始皂苷在 C_{26} 连接一个葡萄糖。在糖的连接方式上，当糖单元超过 3 个时，糖链多呈分支状态。皂苷是一类极性较强的大分子化合物，不容易结晶，不同皂苷之间的极性差异比较大，需要经过反复层析才能获得较好分离。

薯蓣皂苷在酸性环境中皂苷所连接的糖类会发生水解反应，经酸催化水解后形成皂苷配基，即皂素。同时薯蓣中的淀粉和纤维素也会水解转变为单糖、低聚糖和高聚糖等，没有水解的木质素和纤维成为废渣。

1.2.1　薯蓣皂素

1. 分子式、分子量和结构式

薯蓣皂素，化学名为△5-异螺旋甾烯-3β-醇，为螺甾烷类甾体化合物。薯蓣皂素的

---

① 四川省生物研究所体细胞组 . 盾叶薯蓣组织培养研究所报 . 植物学报，1978，9（20）：3，279-280。

分子结构如图 1-4 所示。分子式为 $C_{27}H_{42}O_3$，分子量为 414.61。其化学结构式如图 1-4 所示。是特定的 27C 甾体皂苷元，其结构特征是甾核上有单个双键△5 和具有 3β-OH，与 C_{25} 相连的 C_{27}-甲基为 α 定向，即 C_{25} 为 R 构型。△5 和具有 3β-OH 的结构易引入△43-酮或 A1,43-酮用以制备妊娠双烯醇酮酯，进而合成各种甾体抗炎药和女用口服避孕药。

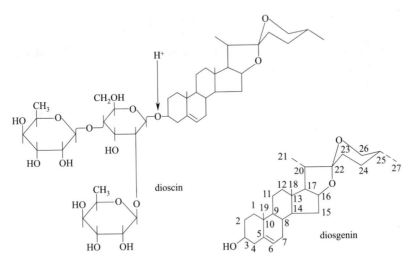

图 1-4　皂苷与皂素分子式

C_{11} 上可由霉菌氧化引入羟基以生产各种皮质激素。在薯蓣属植物中常常存在 C_{25} 位的差向异构体 S 构型，但在水解过程中 C_{25}S 构型的苷元易转化为 R 构型。薯蓣皂素通过糖苷键与纤维素结合存在于植物细胞壁中，以薯蓣皂苷配基形式存在，在 C_3 位通过皂苷键与糖链相连，并与植物细胞壁紧密连接，被严密的植物组织所包裹。

2. 物理化学性质

薯蓣皂素为白色或微黄的结晶性粉末，有轻微油败味，纯品熔点 204～207℃，比旋度 $[\alpha]_D^{25}$ 为-129°（C=1.4，氯仿）；皂素不溶于水，可溶于石油醚、乙醇、甲醇、乙酸等一般有机溶剂，因此可利用这些溶剂将其萃取出来。

1.2.2　薯蓣皂素的分离提取

据薯蓣皂素在植物体内的存在形式、结构特征，因此要提取皂素，首先要使薯蓣皂苷配基与植物细胞壁分开，断开其与糖连接的苷键，使薯蓣皂苷配基，即皂素，游离出来。薯蓣皂素提取步骤简述如下：

断开薯蓣皂素与糖连接的苷键，使薯蓣皂素分离开来；然后利用其不溶于水而溶于有机溶剂的性质，用有机溶剂把它提取出来。因此，薯蓣皂素的生产工艺可分为原料预处理和皂素提取两阶段。原料的预处理是断开糖苷键，使薯蓣皂素分离出来，主要是用酸水解法。试验方法提取，是先将黄姜清洗、磨碎，加入酸后加热回流一段时间，进行充分的水解，水解完后再进行过滤，过滤时需用大量的清水洗涤滤渣直至中性；滤渣干燥后再用有机溶剂如石油醚、$CHCl_3$、丙酮等来提取（工业上用高标号的汽油来提取），结晶可得到薯蓣皂素，其流程如图 1-5 所示。

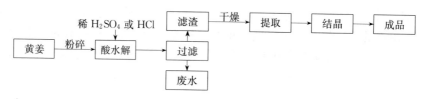

图 1-5　黄姜水解流程

　　薯蓣皂素的传统工业生产工艺，是在上述酸水解流程基础上增加"预发酵"工艺，以提高收率。本书将在后面章节重点介绍这些内容。

（兰华春 编写，沈晓鲤、刘会娟 审订）

第2章　黄姜皂素与甾体激素药物：产业链及市场概况

2.1　甾体激素类药物发展沿革

2.1.1　甾体激素类药物简述

1. 甾体的发现

甾体（steroid），其中文名称是由我国著名的有机化学家黄鸣龙教授命名的。最早发现的甾体是胆固醇（cholesterol），又称胆甾醇，是一种环戊烷多氢菲的衍生物；早在18世纪科学家从胆结石中发现这种物质，1815年法国化学家 M. E. Chevreul 首先从胆结石中分离、提纯了甾醇（sterol）物质并命名为胆固醇。胆固醇广泛存在于动物体内，尤以脑与神经组织中最为丰富，在肾、脾、皮肤、肝和胆汁中含量也高。胆固醇是动物组织细胞所不可缺少的重要物质，它不仅参与形成细胞膜，而且是合成胆汁酸、维生素 D 以及甾体激素的原料。

2. 甾体激素与甾体类药物

激素是由一些内分泌腺以及具有内分泌机能的一些组织所产生的微量化学信息分子。激素的作用机制是通过与细胞膜上或细胞质中的专一性受体蛋白结合而将信息传入细胞，引起细胞内发生一系列相应的连锁变化，最后表达出激素的生理效应。人类和动物的激素有几十种，化学结构各异，按化学结构大体可分为四类：第一类是氨基酸衍生物，如胰岛素、甲状腺素、促肾上腺皮质激素、肾上腺素等；第二类为肽、蛋白质，如下丘脑激素、垂体激素、胃肠激素等；第三类是脂肪酸衍生物激素，如前列腺素等；第四类就是甾体激素，又称为类固醇激素，主要包括肾上腺皮质激素和性激素两大类。

甾体激素是在研究哺乳动物内分泌系统时发现的内源性物质，具有极重要的医药价值。以哺乳类动物为例，其血液中的甾体激素浓度仅为 $10^{-9}\,\mathrm{mol/l}$，却具有很强的生理活性，能对有机体的代谢、生长、发育、生殖等起到调节、兴奋和抑制的作用。这些激素分泌过多或过少，都会造成生命有机体发育迟钝、生长受阻或出现畸形，严重的会危及生命。

甾体类药物是指分子结构中含有环戊烷多氢菲母核结构（A、B、C、D 四个环：三个六元环和一个五元环组成）的激素类药物（图 2-1）。不同的甾体药物分子结构均由甾体激素中间体衍生而来。典型的甾体类药物品种有地塞米松、泼尼松、倍他米松和氢化可的松等，全球四大基础皮质激素包括氢化可的松、可的松、强的松和强的松龙。甾体类药物早期临床上用于治疗风湿性关节炎、心脏病、阿狄森氏病、红斑狼疮，另外甾体类药物还可以用于止血、抗肿瘤和作避孕药。

甾体激素类药物的合成、应用，与抗生素并称为 20 世纪医药工业最引人注目的两大成就。甾体激素药物的发展给人民生活质量与健康提供良好的支撑，在保健品制备、疾病防治等方面发挥了极大的作用。

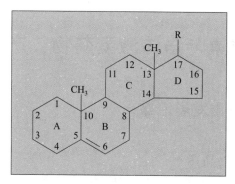

图 2-1 甾体药物母核结构

2.1.2 甾体激素类药物的分类及其作用

1. 甾体类药物的分类

按药理作用甾体药物分为肾上腺皮质激素、性激素和蛋白同化激素；性激素又可以分为雄性激素和雌性激素，而雌性激素又有卵泡激素（雌激素）和孕激素（黄体激素）两种。

按化学结构分（甾烷母核结构）：雄甾烷类、雌甾烷类、孕甾烷类；按药学分：甾体雌激素、非甾体雌激素、抗雌激素、雄性激素、蛋白同化激素、孕激素、甾体避孕药、抗孕激素、肾上腺皮质激素。

典型的肾上腺皮质激素药物有：醋酸可的松、氢化可的松、地塞米松、倍他米松和安体舒通等；典型的雄性激素药物有：苯乙酸睾丸素、甲基睾丸素等；典型的孕激素药物包括：黄体酮、甲孕酮、炔诺酮等；典型雌激素药物有：雌二醇、雌三醇、甲醚炔雌醇等；典型蛋白同化激素药物有：大力补、苯丙酸诺龙和葵酸诺龙等。

2. 甾体激素类药物的作用

甾体激素是人体本身分泌的物质，在遇到外部环境压力或情况危急时会迅速分泌大量甾体激素来"应急"。一旦身体遭受意外伤害、压力、疾病影响导致身体免疫力发生变化（包括：各种发炎、过敏、分泌不协调等），皆可由甾体激素来治疗改善。在维持生命、调节性功能、机体发育、免疫调节、皮肤疾病治疗及生育控制等方面有明确的作用。

通过甾体激素药物的研究，以及对甾体激素生物化学、药效学的研究，人类掌握和利用这些激素调节生理功能，征服多种疑难病症，节制生育控制人口增长，消灭和控制虫害以及调节或控制畜禽生长与繁殖等。目前，甾体激素药物在临床上应用有数十种，主要为以下几种：

（1）肾上腺皮质激素（adrenocortical hormones）：根据其特性和临床效用可分为糖皮质激素（glucocorticoid）和盐皮质激素（mineral corticoid）两大类。肾上腺皮质激素广泛用于抗炎、抗病、抗过敏、抗休克；以可的松和氢化可的松为代表的糖皮质激素，对人体的生理作用主要为影响糖、蛋白质和脂肪代谢。盐皮质激素以醛甾酮和去氧皮甾酮为代表，主要作用是促进钠离子自肾小管的重吸收，使钠的排泄减少，并使钾的排泄增加，形成"储钠排钾"作用。

（2）性激素：其重要生理功能是刺激附性器官的发育和成熟，激发副性征的出现，增进两性生殖细胞的结合和孕育能力，同时还有调节代谢的作用。性激素临床应用比较广泛，主要用于治疗两性机能不全所导致的各种疾病，同时还用于计划生育、妇产科及抗肿瘤等。

（3）蛋白同化激素：主要用于治疗胆固醇偏高、静脉粥样硬化和肌无力等疾病。

2.1.3 甾体激素类药物的原料及合成技术

1. 甾体类药物的药源

寻找甾体激素的药源过程，科学工作者经历了三个重要阶段：

（1）从动物器官、组织、分泌物中提取激素药源；

（2）以萘等有机化合物为原料化学全合成甾体激素；

（3）从植物界中寻找具有甾体结构的化合物为起始原料，进行半合成。

最早发现动物体内的某些腺体组织含有甾体激素，20 世纪 30 年代从腺体中获得雌酮（estrone）、雌二醇（estradiol）、睾酮（testosterone）以及皮质酮（corticosterone）的纯品结晶，之后又探明其化学结构，从此开创了甾体化学和甾体药物化学的新领域。以动物腺体组织作为甾体激素的药源，其含量低、药源少、耗量大、成本高。因此又开展从基本化工原料合成甾体激素研究，全化学合成路线主要有三种，包括：①以丁二烯为起始原料应用双重成环反应（bisannulation）或三重成环反应（trisannulation）生成甾体母核的路线；②分子的内加成反应（intramolecular cycloaddition reaction）路线；③多烯化合物仿生环化（biomimetic polyene cyclization）合成甾体化合物的路线。但化学合成工艺的缺点是流程长，反应步骤多，副产物去除复杂，能耗高且易对环境造成污染，限制了甾体药物的生产和应用。

2. 薯蓣皂素的发现

甾体激素药物的应用日趋广泛且发展迅速，为满足需求首先需要解决的就是生产原料问题。最早是 1936 年日本的塚本赴夫等从一种植物（D. tokoro Makino）分离出薯蓣属的甾体皂甙元（甾体皂苷配基），也即薯蓣皂素；到 1943 年美国的 R. E. Marker 等发现薯蓣皂素是合成可的松等激素类药物的原料，因而引起了重视。各国都竭力从资源丰富的野生植物资源中寻找原料，通过近万种植物的筛选，发现含有的植物主要集中于单子叶植物，以百合目为中心的薯蓣科、百合科和龙舌兰科植物中；现在已知的薯蓣属（Dioscorea L.）含有薯蓣皂甙元的植物 136 种，其中薯蓣皂甙元（薯蓣皂素）含量在 1% 以上的有 41 种，但可供工业生产用的约 12~15 种。[①] 从植物界寻找甾体激素药源的研究获得成功，植物中的甾体化合物经过化学反应和微生物反应就能获得具有与天然产物相同生理活性的甾体激素，因此产生了以植物甾体皂甙元为起始原料生产甾体激素药物的"半合成法"。植物中甾体激素结构化合物的发现，开辟了从自然界获取可再生甾体激素药源的新途径。

薯蓣植物的资源主要集中于亚洲和美洲，我国薯蓣科仅有 1 属，约 60 种左右。在亚

---

① 徐成基. 中国薯蓣资源——甾体激素药源植物的研究与开发 [M]. 成都：四川科学技术出版社，2000：13.

洲以中国的薯蓣植物资源最丰富，薯蓣皂甙元含量大于 1‰的有 12 种；最高含量的代表种盾叶薯蓣（*Dioscorea zingiberensis* C. H. Wright）含量可高达 16.15%，超过美洲墨西哥最高含量小穗花薯蓣（*Dioscorea spiculiflora* Hemsl.）15%的最高纪录。[①]

在甾体激素药源发展过程中，从植物界获取的甾体激素原料至今占绝对优势，除了薯蓣科外甾体皂苷配基还存在于百合科、龙舌兰科中。国内外用于制取甾体药物的植物皂素原料主要有三大类：

1）薯蓣皂素（diosgenin）：从薯蓣科植物提取，薯蓣科主要是我国的盾叶薯蓣和墨西哥小穗花薯蓣；以薯蓣皂素的生产为主，约占所有皂素的 55%。

2）剑麻皂素（tigogenin）与番麻皂素，也称海柯吉宁（hecogenin）：剑麻皂素从龙舌兰属剑麻中提取；番麻皂素从龙舌兰属的番麻中提取。

（1）剑麻皂素：（5α，25D-螺甾烷-3β 羟基）结构与薯蓣皂素相似。利用剑麻皂素生产的下游产品单烯，可合成倍他米松等 120 多种激素类药物。

（2）番麻皂素：（5α，25D-螺甾烷-3β 羟基-12 酮）结构与薯蓣皂素不同，其 C_{12} 位上有一个酮基，可通过化学方法将 12 酮转化为 11 酮并合成皮质激素（倍他米松、地塞米松等）药物，另外还可以引入双键，去酮后可进一步合成含氟皮质激素。

3）豆甾醇（stigmasterol）、谷甾醇（sitosterol）等植物甾醇，从食用植物（大豆）油精炼油脚等工业废料中提取；豆甾醇的应用开辟了合成甾体药物的新资源。

不同激素药物，因其化学结构不同，反应步数及生产成本之差异，需要选择不同的起始原料。如生产含氟皮质激素，使用番麻皂素为原料较好；生产一般的皮质激素以剑麻皂素为原料较好；生产 C_6 取代的皮质激素，以薯蓣皂素为原料较好。

3. 甾体激素类药物合成技术简介

1）植物提取皂素

植物皂素的工业提取主要是薯蓣皂素，以后有剑麻皂素、番麻皂素等；我国长期以来以盾叶薯蓣（黄姜）皂素生产为主，是 200 余种甾体激素药物的起始原料。

2）化学全合成法

化学全合成的关键步骤是环戊烷多氢菲母核的构建，最初的合成法以 A 环或 AB 环起始，依次连接 C、D 环，但反应路线过长，缺乏经济价值。20 世纪 70 年代后期，不对称合成开始出现，通过在 C、D 环引入符合天然甾体构型的手性中心以得到光学活性甾体。此后环加成法、重排反应、分子内 Heck 反应等均在甾体类的全合成上得到广泛应用。

3）微生物催化半合成法

利用微生物转化进行化学反应修饰，进而合成甾体激素中间体。包括以植物皂素为原料的半合成法和以动植物甾醇为原料的半合成法。当前世界甾体医药工业原料药生产主要是半合成工艺技术。

用植物皂素为原料，可以在甾体母核的任何位置利用微生物进行羟化反应，使甾体分子具有药用活性，常见的甾体微生物羟化反应所用微生物统计见表 2-1。

---

① 丁志遵，唐世蓉等. 甾体激素药源植物［M］. 北京：科学出版社，1983：15。

常见甾体微生物羟化反应　　表 2-1

甾体羟化反应类型	转化微生物
6β	自耐热性芽孢杆菌
7α	串珠镰刀菌、布拉克须霉
11α	棕曲霉、烟曲霉、黑根霉
11β	月状旋孢腔菌
15α	雷斯青霉
15β	巨大芽孢杆菌
16α	玫瑰产色链霉菌

国外先进技术多以动植物甾醇为起始原料进行微生物降解侧链，得到重要中间体 C_{17}-酮甾体，如 AD、ADD 和 9α-OH-AD 后进一步制备甾体药物。表 2-2 列出常见微生物降解动植物甾醇侧链反应。

不同底物转化微生物统计表　　表 2-2

底　　物	转化微生物	转化产物
羊毛甾-7、9(11)-二烯-3-醇	分枝杆菌 NRRL B 3805	4,8(14)ADD-3,27-二酮
3β-乙酰氧-19-胆甾-5-烯胆甾醇	莫拉克斯菌	雌酮
胆甾醇	分枝杆菌 NRRL B 3805	睾酮
麦角甾醇	分枝杆菌 NRRL B 3805	AD
	分枝杆菌 NRRL B 3683	ADD
α谷甾醇	分枝杆菌 NRRL B 3805	AD
	分枝杆菌 NRRL B 3683	ADD
β谷甾醇	分枝杆菌 NRRL B 3805	AD
	分枝杆菌 VKM Ac-1815D ET1	AD
植物甾醇	分枝杆菌 NRRL B 3683	AD

综合不同起始原料，工业应用的重要甾体生物转化反应主要有 11α-羟基化、C19-羟基化等，统计见表 2-3。

工业应用的重要甾体生物转化反应　　表 2-3

	反应类型	反应底物和产物	微生物
1	11α-羟基化	黄体酮——11α-黄体酮	黑根霉(Rhizopus nigricans)
2	11β-羟基化	化合物 S 或其醋酸酯——氢化可的松	新月弯孢霉(Curvlaria lunata) 蓝色犁头霉(Absidia coerulea)
3	16α-羟基化	9α-氟氢可的松——9α-氟-16α-羟基氢化可的松	玫瑰产色链霉菌(Stretomyces oseochromogenus)及其他放线菌
4	C19-羟基化	化合物 S——19-羟甲基化合物 S	球墨孢霉(Nigraspora spherical)
5	C1,2-脱氢	氢化可的松——氢化泼尼松	芝麻丝核菌(Corticcum sasakii)
6	A 环芳构化	19-去甲基睾丸素——雌二醇	简单节杆菌(Arthrobacter simplex)
7	水解反应	21-醋酸妊娠醇酮——去氧皮质醇	睾丸素假单孢杆菌(Pseudomonassimplex) 中毛棒杆菌(Corynebacterium mediolanum)
8	边链降解	胆甾醇——ADD	分枝杆菌(Mycobacterium sp.)；戈登氏菌

2.1.4 薯蓣皂素生产与我国甾体激素医药工业的发展

以薯蓣皂素为基本原料的人工合成成功，促进了各种激素类药物的开发，先后诞生了数十种激素类药物，其中包括人们熟知的可的松、氢化可的松、强的松、地塞米松、强的松龙等，和己烯雌酚、炔雌醇、炔雌醚、尼尔雌醇等雌激素类药物。这些激素类药物在临床上已得到广泛的应用，并成为国际医药市场上一大类重要药物品种。我国薯蓣皂素工业增长较快，已成为全球最大的薯蓣皂素生产国和出口国。

我国甾体类药物的研究始于 20 世纪 50 年代初期。在 1958 年以前，激素类药物的生产在我国还是一片空白，国内的需求依赖国外进口；1958 年中国科学院上海有机化学研究所和通用药厂开始协作试制激素类药物和避孕药，此后我国生产以糖皮质甾体激素、避孕药物、性激素及蛋白同化激素为主的数十种原料药。

我国甾体激素药的发展离不开起始原料的自然资源条件，20 世纪 50 年代后期我国找到了资源丰富、皂素含量高的薯蓣植物——盾叶薯蓣，俗名黄姜，以此为原料生产薯蓣皂素，大大促进了我国甾体激素医药工业的发展。1958 年黄鸣龙教授用薯蓣皂素为原料，利用黑根霉物氧化加入 11α-羟基和用氧化钙—碘—醋酸钾加入 C_{21}-OAc，七步合成了可的松。这不仅填补了中国甾体工业的空白，而且使中国可的松的合成方法，跨进了世界先进行列。

有了合成可的松的工业基础，许多重要的甾体激素，如黄体酮、睾丸素、可的唑、强的松、强的唑龙和地塞米松等，都在 20 世纪 60 年代初期先后生产出来。地塞米松生产工艺较复杂，20 世纪 60 年代之前我国还不能生产，完全依赖进口。天津制药厂在 1964 年以薯蓣皂甙元为原料研制成功地塞米松，1966 年形成工业化生产。1969 年上海华联制药有限公司用番麻皂素为原料合成醋酸地塞米松，于 1971 年投产。1973 年，上海第 12 制药厂从薯蓣皂素经化学—生物七步法合成到醋酸可的松，最后经过节干菌 A 环 C1-2 位脱氢制得强的松；另一条生产线是薯蓣皂素经由铬酐氧化开环裂解得双烯物，再经过数步化学法得 RSA；上海第 9 制药厂最后利用"蓝色犁头霉菌"AS3.65 发酵转化制得氢化可的松。"蓝色犁头霉 AS3.65"筛选成功是早在 1963 年中国微生物学会报道的"甾族化合物微生物转化技术研究"成果。

天津制药厂率先研制地塞米松后，生产工艺不断改进，在市场上同实力雄厚的跨国公司法国罗素的同类产品展开激烈竞争，又在 1997 年研制出一条我国独特的合成地塞米松系列产品的新工艺路线，使产品收率、质量大幅提高，成本大幅下降，将法国罗素挤出了中国市场。

较长一段时期以来，我国已形成具有特色的甾体激素工业，化学合成技术与国际水平相差无几，目前已经成为甾体激素原料药及其制剂的主要生产国，甾体药物年产量约占世界总产量的 1/3 左右，原料药年产值接近 100 亿元，其中总产量的 70％用于出口。皮质激素原料药生产能力和实际产量均居世界第一。

我国逐步形成以天津药业和仙琚制药为骨干的甾体激素医药工业，天津药业的倍他米松和地塞米松的生产工艺至今仍然领先于其他国家。进入 20 世纪 90 年代，我国甾体激素药物工业发展加速，已成为甾体激素药物制造业大国，甾体原料药的主要供应国，但还不是甾体激素药物工业强国，在成长发展中还存在下面几方面问题：

（1）我国以皮质激素为代表的初级产品，生产技术含量不高。产品结构方面以低端、低附加值产品为主，高级皮质激素品种、产量国际上所占比例还较低，性激素类药物品种也很少。

（2）出口产品多数为欧美药厂高端甾体激素药物的合成原料，发达国家利用其技术优势倾销将其高端产品、获取超额利益，同时还操纵国际市场掌握甾体药物产业链上关键产品定价话语权。

（3）工艺路线较单一。主要依赖以我国植物药源黄姜皂素作为半合成原料，资源浪费大；其中一步化学降解是采用 20 世纪 40 年代 R. E. Marker 开拓的化学法（铬酐氧化开环裂解）生产双烯物；再由双烯物继续以多步化学与霉菌氧化甾体法结合生产上述四大基础皮质激素，以及生产避孕药和性激素，蛋白同化激素等。而在微生物转化技术和优良菌种的选育等关键生产技术方面，与国外先进厂家存在不少差距，新产品的研发能力也不足。

（4）我国主要原料药薯蓣皂素的生产存在诸多问题，尤其是黄姜皂素加工环境污染严重，行业多属"低、小、散"企业，生产工艺落后，皂素质量不高；双烯生产的 Marker 化学降解法的"铬污染"也是难以解决的环境问题。

2.1.5 国内甾体激素药物主要生产商

国内甾体激素药物主要生产厂商有：天津药业（天津药业集团有限公司）、仙琚制药（浙江仙琚制药股份有限公司）、河南利华制药、仙居君业药业、仙居仙乐药业、湖北人福药业、湖北芳通药业等企业。天津药业和仙琚制药是目前最大的两家企业。

天津药业集团有限公司前身为天津制药厂，始建于 1939 年，是我国最早开发研制皮质激素类药物的生产企业，也是目前亚洲最大的皮质激素类药物科研、生产和出口基地，主要生产经营皮质激素类原料药及制剂、氨基酸类原料药及制剂、化工原料、心血管药物外用制剂、避孕药物等产品。其中皮质激素类原料药地塞米松、泼尼松与甲泼尼龙通过了美国 FDA 认证；泼尼松、泼尼松龙、甲泼尼龙、螺内酯等 6 个产品拥有欧洲药典委员会颁发的 CEP 证书。在国内市场中，地塞米松系列、倍他米松系列、曲安西龙系列和泼尼松系列产品都占据优势；国际市场，天津药业的地塞米松系列和倍他米松系列大量出口东南亚和欧美市场，占据了 50% 左右的市场份额。

浙江仙琚制药股份有限公司前身为仙居制药厂，创建于 1972 年，是国内目前规模最大，品种最为齐全的甾体药物生产厂家，是原料药和制剂综合生产厂家。主要生产皮质激素类药物、性激素类药物（妇科及计生用药）和麻醉与肌松类药物等三大类。维库溴铵、醋酸泼尼松、泼尼松龙、醋酸甲羟孕酮等 9 个产品获得美国 FDA 认证通过，醋酸环丙孕酮、泼尼松龙、炔诺酮获得了欧盟 CEP 证书，泼尼松龙、二丙酸倍他米松、戊酸倍他米松通过了韩国 KFDA 认证。

2.2 黄姜皂素行业的发展与产业链

2.2.1 黄姜资源与种植业

1. 黄姜资源调查

我国从 1957 年开始进行薯蓣资源的调查，20 世纪 60 年代中期由当时国家科委领导组织植物学与药物学专业队伍，普查了 20 个省区，进行薯蓣植物的调查、采集、化学分析和栽培试验，工作持续了 6 年多。调查发现我国薯蓣科有 1 属植物分属于根状茎组、复叶组、顶生翅组、薯蓣组和黄独组，仅根状茎组（Sect. Stenophora Uline）含甾体皂苷配基，该组所属植物种见表 2-4 所列。

含薯蓣皂素的薯蓣属植物一览　　　　　　　　　　　　　表 2-4

组	性状	地区分布	种
根状茎组 Sect. Stenophora Uline	茎和叶不被丁字形毛，地下部分为根状茎	欧亚大陆约有 25 种；中国是该组的分布中心，约有 17 种、1 亚种、2 变种	蜀葵叶薯蓣、异叶薯蓣、山葛薯、三角叶薯蓣、叉蕊薯蓣、福州薯蓣、纤细薯蓣、穿龙薯蓣、黄山药、小花盾叶薯蓣、吊罗薯蓣、绵萆薢、马肠薯蓣、细柄薯蓣、山萆薢、盾叶薯蓣

薯蓣植物根状茎中含有薯蓣皂素的我国有 17 种，1 亚种，2 变种薯蓣，约占全世界含有薯蓣皂素植物的 50％以上。1964～1974 年开展全国性资源调查的重要成果是发现了薯蓣属植物中含薯蓣皂苷配基最高的植物——盾叶薯蓣，即黄姜，是我国特有种，薯蓣皂甙元（皂素）含量幅度为 2.5％～5.92％。[①] 因地区不同薯蓣皂素植物的皂素含量也有差异，秦巴山区湖北西北部武当山地区和陕西东南部的安康、石泉一带植物生长独特的物候条件，使黄姜含薯蓣皂素含量比较高。

2. 黄姜的引种栽培及种植

秦巴山区的野生黄姜资源为国家甾体激素工业提供了生产薯蓣皂素的原料，20 世纪 70～80 年代，当时作为半合成植物源性原料每年仅百吨级，在国内市场急需薯蓣皂素的情况下，由产地采挖根茎、切片晒干，通过基层供销社系统经长途运输至沈阳、天津和上海等地的数家避孕药原料药及糖皮质激素的药厂。随着皂素需求的增长，黄姜生产皂素及初级产品（水解物）企业迅速崛起，野生黄姜资源濒于枯竭，因而黄姜引种栽培研究受到重视。

我国特有的黄姜野生资源为培育高优质的黄姜栽培品种提供了优越条件，从 1964 年起进行了一系列引种、人工抚育、半人工栽培试验，江苏省植物研究所、武汉医药工业研究所等单位在十堰市武当山地区，开展黄姜根状茎繁殖的栽种季节、栽种密度和田间管理研究。1974 年中国科学院成都生物研究所引种栽培黄姜，用根状茎繁殖，试验证明栽培两年亩产可达 1600～1900kg，皂苷配基含量在 2％～5.7％。[②]

湖北、陕西等省相继推广引种栽培。1983 年秦巴山区的湖北省郧西县科技人员进行黄姜人工"野转家"栽培，通过对黄姜栽培 50 多项技术探索和试验，掌握了黄姜的生长习性与人工栽培方法，实现从半阴到强光照地区的突破，形成了红土壤地栽培黄姜规范模式（包括：选地整地、播种、搭架、除草、病虫害防治等），郧西县及周边地区因自然条件优越，黄姜种植发展迅速。农业部曾在 2000 年授予郧西县"中国黄姜之乡"的称号。

"野转家"种植推广后，我国黄姜皂素生产摆脱了完全依赖野生黄姜资源的局面，取得

---

① 徐成基．中国薯蓣资源——甾体激素药源植物的研究与开发，四川科学技术出版社，2000：45。
② 丁志遵，唐世蓉等．甾体激素药源植物，科学出版社，1983：99。

了良好的社会经济效益。据十堰市农业部门统计，当地姜农种黄姜每亩合计投入1250～1520元，（黄姜两年起挖）亩产2000～2500kg，产值4000～5000元，扣除投入1250～1520元，纯收入有2750～3480元，平均每年纯收入1375～1740元（2001～2002年价格）。

3. 黄姜种植及产销方面问题

黄姜资源是黄姜皂素生产乃至甾体激素医药产业的源头，"野转家"种植推广后解决了单纯依靠野生资源的问题，但在原料产销环节还存在不少问题：

（1）黄姜"野转家"后种质退化，不少产地黄姜中皂素含量呈下降趋势。皂素生产厂近些年反映，十堰产区的黄姜（鲜黄姜含水率在70%左右）皂素含量多在0.55%～0.65%，（干黄姜的皂素含量<2%）。而且，野生黄姜的皂素含量也处于下降趋势，仅少数野生黄姜的皂素可到0.75%，含量在2%以上的已为罕见。

（2）皂素生产以农户分散种植为主，企业基本没有原料姜基地，黄姜人工栽植育种和种植管理等方面技术力量薄弱。在黄姜大面积种植后，高含量品种选育工作科研及推广工作未予以充分重视。

（3）皂素生产对原料黄姜的依存度很大，而在黄姜原料供应方面，多年来个体姜农一直是鲜姜供应主体，农企对接存在诸多问题。一方面，黄姜"野转家"后地方农业部门缺乏总体规划一味扩大种植面积，一度出现产能严重过剩；另一方面，以小企业为主体的皂素产业难以抵抗市场风险，皂素、水解物价格大起大落，也伤及黄姜种植与姜农。

2.2.2 原料药—中间体—下游产品

以黄姜皂素为原料的我国甾体激素药物生产，形成了通过化学降解得到基本中间体C_{21}甾体的双烯物为主的技术路线，其上下游主线为：

黄姜 →薯蓣皂素 →双烯醇酮醋酸酯（3β-羟基-孕甾-5,16-二烯-20-酮-3-醋酸脂，简称"双烯"）→ 各类激素药物。

在薯蓣皂素—双烯甾体激素传统生产路线下，双烯是第一层面产品，是整个主线最重要的甾体激素药物中间体。

在此之下，有包括雄甾-4-烯-3,17-二酮（4AD）、去氢表雄酮（DHEA）、妊娠烯醇酮、16 17α环氧黄体酮、苯甲孕酮和地塞米松是第二层面产品。

属于第三层面产品包括黄体酮、米非司酮、炔诺酮、氢化可的松、醋酸氢化可的松、倍他米松等。

详见薯蓣皂素起始合成主要激素产品路线图（图2-2）。

2.2.3 黄姜皂素行业面临的问题

1. 污染问题制约黄姜皂素生产

盾叶薯蓣资源的地理分布特点，决定了我国黄姜皂素加工业集中的区域在秦巴山脉的陕南、鄂西北一带，而该地区正处于国家南水北调中线工程的重要水源区。黄姜皂素生产造成严重的水污染已饱受诟病，南水北调中线工程对水源区的严格环保要求使其面临难以生存的局面（本书第3章详述）。

2. 其他药源植物的竞争

在国外，植物皂素资源的薯蓣属主要是墨西哥小穗花薯蓣，还有墨西哥菊叶薯蓣

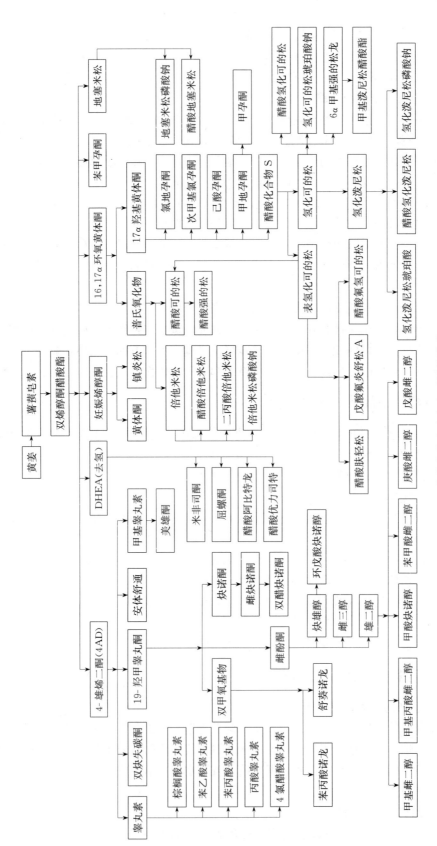

图 2-2　薯蓣皂素合成各主要甾体激素

（Dioscorea composite Hemsl.），据知四川省攀枝花一带已规模化引种，近年将深度开发生物药物[①]。

除薯蓣科之外，龙舌兰属剑麻提取的剑麻皂素、番麻皂素在我国南方几个省已有规模生产。这两种植物资源在我国均十分丰富，广东、广西和福建三省广泛种植这种麻类植物，叶片刮除纤维后所剩肉质部分可用来制取皂素。福建省产番麻皂素较多，两广引种的坦桑尼亚剑麻则剑麻皂素较多。国内的剑麻皂素每年已有数百吨产量得到开发应用，近年已达到年产500t的剑麻皂素。番麻皂素在云南及金沙江河谷也有年产100t级的资源开发潜力。中科院上海有机所研究利用双氧水切除边链的清洁生产新工艺对番麻、剑麻开发利用有重要作用。总的来说，在黄姜皂素资源出现问题的形势下，从地理区位及资源量方面考虑，规模开发剑麻皂素、番麻皂素和穿龙薯蓣皂素，有利于改变我国多年来单一黄姜皂素药源的状况。

3. 薯蓣皂素与植物甾醇 4AD 的竞争

1）生物转化技术的发展

甾体激素药物的旺盛需求推动了生物转化技术的发展。美国的 R. E. Marker 开拓的墨西哥薯蓣皂素制甾体化合物路线，墨西哥因其薯蓣资源丰富，国际医药工业大鳄纷纷设厂加工皂素，到 20 世纪 70 年代后因薯蓣资源遭过度开发野生资源量锐减，墨西哥薯蓣价格由每吨 600 美元飙升至 2600 美元，各大医药公司为此都开始设法寻找替代品。其中，美国普强制药公司（Pharmacia & Upjohn）采用反流结晶工艺从大豆油脂工业加工副产物中分离出豆甾醇，再由豆甾醇起始，经数步化学法合成了孕甾酮，开辟了合成甾体药物的新资源。

生物技术的研发首先是 20 世纪 50 年代的微生物酶促氧化甾体 C-11 位，被学界认为是甾体化学发展史上里程碑事件。这是由普强制药的 Murray 和 Peterson 经微生物筛选，发现无根根霉首次转化孕甾酮底物成为 11a-羟基孕甾酮（转化率 50％），继之优选出黑根霉（转化率 80％～90％）产出 11a-羟基孕甾酮，同时伴有 6a,11a-二羟基孕甾酮副产物存在。日本学者 Arima 利用微生物降解胆甾醇生产 ADD 在 20 世纪 70 年代获得成功。普强制药从大豆成功提取豆甾醇/谷甾醇后致力于化学/生物学方法开发谷甾醇。其成果就是利用分枝杆菌（mycobacterium）突变株发酵降解断侧链产出 4AD，以及 9α-OH-AD，是整合微生物学和化学工艺的结果。4AD 结构式见图 2-3。

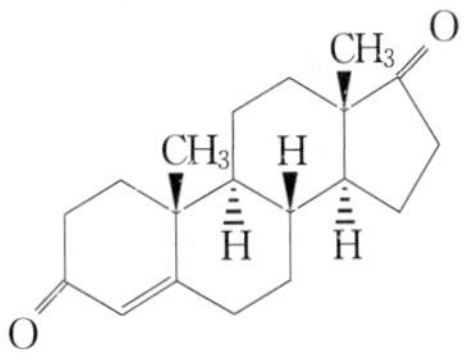

图 2-3　4AD 结构式

国际上生物转化技术的发展，使薯蓣皂素—双烯的甾体激素传统生产工艺主导地位发生了变化。多年来以化学合成技术占主导地位的我国甾体激素医药工业，近年来也出现了变化。2004 年前后，天津药业集团自行开发"3029"激素中间体项目投产，以大豆油下脚料中提取的甾醇为原料，通过生物合成技术生产中间体，经一步发酵获得雄烯二酮（4AD）进而生产皮质激素。天药、仙琚等甾体激素大企业均计划采用豆甾醇工艺作为"备用引擎"，以减少对皂素的需求。在黄姜皂素价格持续高涨情况下，4AD 工艺路线有成本方面的优势。但总的来说，我国在甾体转化微生物工程方面难尽如人意，尚处于弱势。而

---

① 参见：http：//www.pzhw.net，2006-10-16。

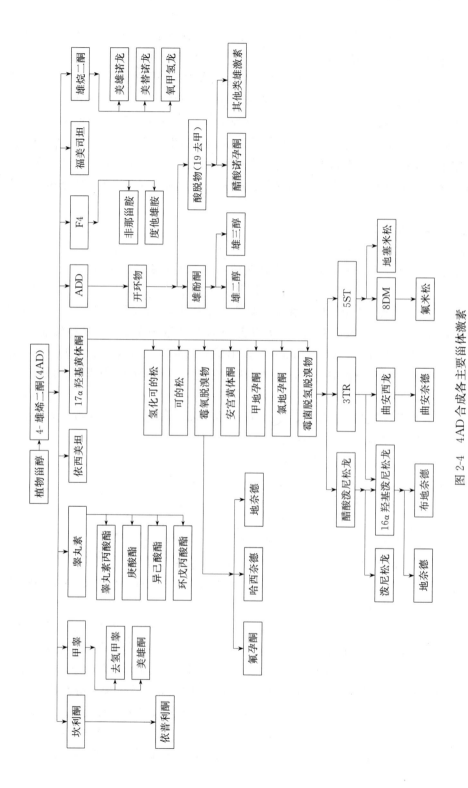

图 2-4 4AD 合成各主要甾体激素

且应该注意到，目前我国的 4AD 发酵生产原料植物甾醇及发酵菌种的工艺技术都是依靠进口及引进。

2）4AD 的主要生产原料

植物甾醇（phytosterols）——4AD、ADD 与 AD 等是甾体激素类药物合成的重要中间体。

4AD 原料开发：从洗羊毛废水与食用油（如大豆油等）精炼下脚料中的胆固醇、豆甾醇、谷甾醇，利用微生物转化制备 ADD。植物甾醇资源主要来自食用油加工废渣，原料价廉、来源丰富，具有甾体母核，是合成甾体激素中间体的理想原料（表 2-5）。

主要植物油脂脱臭馏出物中植物甾醇含量（%）　　　　　　　　　表 2-5

序号	馏出物	总甾醇	β-谷甾醇	菜油甾醇	豆甾醇
1	大豆油	9～12	46.0	26.7	25.5
2	菜籽油	24.9	58.9	23.4	12.1
3	米糠油	4.9～19.2	44.0	37.6	
4	花生油	5.9			
5	棕榈油	2.0			
6	葵花籽油	0.8～1.2			
7	橄榄油	0.5			

用微生物发酵技术，胆甾醇和谷甾醇均可经专一性微生物切除甾醇 C17 边链，从而得到雄甾-4-烯-3,17-二酮，即 4-雄烯二酮（4-Androstenedione，4AD）与雄甾-1,4-二烯-3,17-二酮（1,4-雄二烯二酮，ADD）等重要中间体，能分别进一步被转化为雌酚、炔诺酮、妊娠素、睾丸酮、安体舒酮以及促蛋白同化激素等产品。

3）4AD 为起始原料的甾体激素生产路线

4AD 是生产甾体激素药物不可或缺的关键中间体，几乎所有的甾体药物都可以其为起始原料进行生产，包括：ADD、17α 羟基黄体酮、甲睾酮等。

其上下游主线为：植物甾醇→ 雄烯二酮（4AD）→ 各类激素药物。

图 2-4 为 4AD 的甾体激素合成路线图。

2.3　黄姜皂素市场与供求关系分析

2.3.1　不稳定的供求关系

甾体激素药物产业链长，国外及国内市场情况对皂素的供求关系都有影响，墨西哥薯蓣初级原料价格的大幅度提价，导致 20 世纪 90 年代以来国际市场薯蓣皂素供求矛盾更突出，缺口更大。此后，我国成为国际市场薯蓣皂素资源开发利用的头号大国，从早期年产出薯蓣皂素百吨级到千吨级；国内形势，随着天药、仙琚等企业 2002 年在皮质激素生产工艺上的突破，皂素需求量大增促使皂素价格一路攀升，推动了黄姜皂素生产（尤其是鄂、陕产地），黄姜皂素加工，特别是初级产品水解物的提取有上马快、投资小、成本低的"优势"，一时间加工厂点"遍地开花"，产能无序扩张。到 2002 年，国内黄姜皂素大小加工企业超过 150 家，仅十堰市就有 60 多家，黄姜皂素年产量超过 4000t，而当年的产销量为 2000～3000t，产能严重过剩。

皂素需求增加使黄姜价格一时飙升，在地方政府的"脱贫致富"号召下姜农盲目扩大黄姜种植面积。据农业部门调查，皂素生产若按目前平均吨皂素耗用 150t 黄姜计算（由于黄姜种质下降），黄姜平均亩产 1.5t，在国内市场皂素年需求为 2000t 左右时，则需要 30 万 t 左右黄姜，每年需要起挖黄姜 20 万亩与之配套；考虑到黄姜的生长周期为 2～3 年，黄姜基地面积应为 50 万亩左右。但是到 2003 年时，黄姜主产区的鄂西北、陕南的黄姜种植面积超过了 120 万亩，造成原料产能严重过剩，供过于求。随之姜农弃姜种粮，原料又出现短缺，造成皂素供应紧缺。这种大起大落的情况源于产地的原料生产与供销的落后方式，黄姜种植与皂素及下游产品需求等环节容易脱钩，导致种植面积和产品产量难以维持相对稳定状态。

2.3.2 剧烈波动的价格

总体而言，皂素价格由供求关系决定，而不稳定的供求关系使得黄姜和皂素价格时常大起大落。皂素收购价格在 2002 年后不久从 50 多万元/吨高位最低跌到了 12 万元/t；2003 年底后黄姜价格急剧下降从每吨 2500 元以上跌破 500 元，姜农损失严重，种姜积极性严重受挫，随之黄姜种植面积锐减，到 2005 年种植面积下降超过了 1/3。皂素价大跌究其原因还是黄姜种植与皂素加工无序扩张，皂素严重供大于求所致。此后几年，黄姜原料出现短缺，使水解物、皂素生产受重创。然而从 2007 年 5 月开始，短短 4 个月之间，皂素价格从 15 万元/t 上涨到约 27 万元/t。2012 年皂素、双烯报价分别为 85 万元/t、135 万元/t，较上一年报价分别上涨 30.8%、16.4%。从 2012 年到 2014 年，国内皂素价格始终维持在较高位置，最高时在 2013 年突破 100 万元/t。

持续的环保压力将抑制黄姜粗加工产能的增加，原料短缺使皂素、双烯价格将持续维持高位。黄姜也随之涨价，黄姜与皂素价格近 10 年出现"过山车"式的波动，黄姜与皂素的价格近 10 年走势如图 2-5、图 2-6 所示。

2014 年至 2015 年上半年，皂素价基本在 80 万元/t 以上浮动。据业内人士分析，皂素生产厂当年上调价格：皂素从 82～83 万元/t 涨到 85～86 万元/t，双烯由 134～135 万元/t 涨到 138 万元/t，鲜黄姜价一直在 4000 元/t 左右；产区黄姜皂素加工厂点因环保问

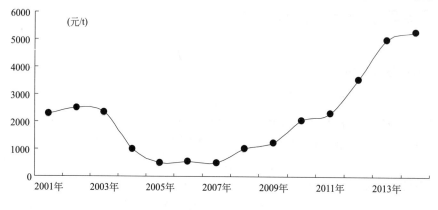

图 2-5　2001～2014 年黄姜市场价格走势

图 2-6　2007 年 1 月～2014 年 7 月皂素市场价格走势

说明：皂素的价格与黄姜密切相关，趋势相同，2001～2007 年的皂素价格走势从黄姜价格走势图可以推出。

题关停，鲜姜供应减少，以及皂素库存量达到历史低位等原因，供求关系逐步趋紧，价格会有所上扬[①]。价格影响因素还多与国外市场环境有关：以黄姜为起始资源的我国甾体激素原料药的产业链短，且仍属产业链低端，而技术含量高及附加值高的产品多数由国外大企业把持，国内企业缺乏产品定价权。

黄姜和皂素"过山车"式的价格波动对黄姜皂素行业发展极其有害：①姜农利益经常受损，黄姜种植及产量极不稳定；②以分散小企业为主体的皂素生产行业抵御市场风险能力差，常发生经营危机，为维持利润皂素厂违法排污行为屡见不鲜，陷入恶性循环。

2.3.3　皂素供求影响因素分析

近 10 年来影响黄姜皂素产销的一些因素分析如下：

（1）原料黄姜的种植情况：2003 年后鲜黄姜价格暴跌又导致大量姜农弃姜种粮，种植面积减少，黄姜供应不久严重短缺。

（2）环保因素的影响：国家南水北调中线工程水源地保护形势严峻，产区的地方政府用行政手段关停大批黄姜皂素厂，如核心水源区的十堰市几乎全部关停；产能一度最大的（300t/年）皂素工业龙头"百科药业"也未通过环保审批不能投产，加剧皂素供货的短缺。

（3）2005 年后，国家发改委出台产业政策（《产业结构调整指导目录》）：淘汰 100t/年以下皂素（含水解物）生产装置，限制 300t/年以下皂素（含水解物）生产装置。国内大部分皂素生产企业属"低、小、散"，因此多数会淘汰而影响产能。

（4）新工艺（4AD/ADD）技术路线：黄姜皂素价格上涨促使大公司选用甾醇工艺生产皮质激素，而不用黄姜皂素，如天药、仙琚等具备甾醇生产工艺能力的企业。

（5）一些有实力的大公司在价格低迷的时候储备大量的皂素，在价格上涨之后，短期内可以不采购皂素，应对皂素短缺的市场变化。

---

① 甾体激素原料及中间体产业与市场论坛［EB/OL］. 2014-10-23. 健康网. http：//www. healthoo. com/.

2.3.4 皂素近期需求量与产能分析

全球甾体激素药物当前仍依赖半合成工艺生产。以四大基础皮质激素——可的松、泼尼松、氢化可的松、泼尼松龙为例，进入 21 世纪已达到每年 800t 产量，则半合成原料市场需求量总份额折合以薯蓣皂素计为 6000t/年；具体构成如下：薯蓣皂素 50%（即为 3000t），4AD 20%，豆甾醇 10%，番麻皂素 10%，以及其他半合成原料 10%。

另据外贸部门的数据，2006 年全球甾体激素药物销售额达 400 亿美元；2009 年，我国甾体激素原料药及中间体出口总量 743.25t，金额 3.7 亿美元；2013 年出口量提升到 1000t，金额近 8 亿美元。2007 年我国的皂素出口量达 300t 左右，当年国内最大的皂素采购商天药股份年采购量达到 700t 以上，占到国内市场需求量的一半以上。2008 年，全国皂素的需求量约为 2500t，加上国外的需求，总需求量约为 3500t 左右。

近年黄姜皂素的替代产品（植物甾醇-4AD）的竞争有加剧之势，对黄姜皂素生产压力加大，但这还取决于黄姜和皂素的市场价，过高则有利于 4AD 强势。2014 年业界人士认为黄姜皂素价格应维持在每吨 45 万元水平，而其实近年的销售价格在 60～80 万元，而 2013 年底至 2014 年初售价曾突破每吨 100 万。另一方面业界有意见认为，我国甾体激素药原料的黄姜地位还不可能完全被取代，植物皂素的原料需求将持续较长时间，国内外对黄姜皂素的需求估算可在 4000t/年左右。

黄姜皂素加工业在近年来环保监管力度加大的形势下，产能受很大影响。皂素生产（特别是水解物提取）只有通过清洁生产改造提升才有出路，但整个行业从目前情况看还有较大的差距（尽管已有成功的范例），多数（在南水北调中线水源区）被关停的企业近期难以恢复生产，而仍在顶风违法生产的企业也难以生存下去。因此业内分析 2015 年黄姜皂素产量短缺，不能满足需求的局面会持续。

（朱重宁 编写，沈晓鲤 审订）

第 3 章　黄姜皂素生产及环境污染问题

3.1　黄姜皂素生产工艺概述

黄姜（盾叶薯蓣）为原料生产皂素，最主要的工艺步骤是黄姜酸水解，也称酸催化水解。酸水解过程使黄姜 C_3 位的苷键断裂，断开薯蓣皂苷中皂苷配基（又称皂贰元，即皂素）与配糖体之间的化学键而生成皂苷配基和糖（图 3-1）。

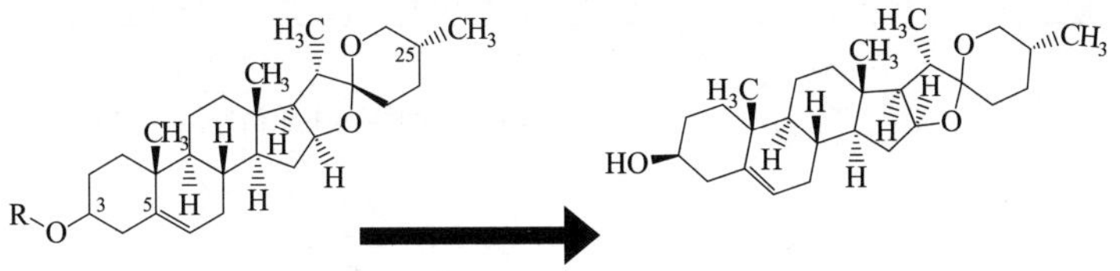

R：糖单元

图 3-1　酸水解的化学反应过程

3.1.1　直接酸水解

提取薯蓣皂素的传统方法是 20 世纪 50 年代 Rothrock 等[①]研发的直接酸水解法，该法直接将薯蓣根茎粉碎，加酸（硫酸或盐酸）水解，水解渣经水洗、过滤、烘干，然后用有机溶剂提取，得到薯蓣皂素。薯蓣皂素主要以皂苷形式存在于植物细胞壁内，存在形式复杂，因而直接酸水解法并不能全部提取。

3.1.2　预发酵

黄姜在水解前进行一段时间的发酵，使薯蓣皂素得到充分释放，称为"预发酵"。中科院成都生物研究所（1975）进行以黄姜为原料的预发酵研究，经中试（温度 39～42℃，发酵时间 2～3d）研究证明，预发酵法可显著提高皂素的收率（又称得率），与直接酸水解相比一般可提高约 40％[②]。预发酵法有自然发酵法（靠体内皂贰酶）、酶解法（加外源酶）以及微生物发酵法。

3.1.3　预发酵—酸水解工艺

基于上述预发酵—酸水解法，多年来黄姜皂素生产已形成一套传统工艺：先将黄姜破碎置于池中进行自然发酵（在冬季适当加温），然后进行酸水解。整个工艺过程相对简单。其

---

① Rothrock JW, Hammes PA, Mcalleer WJ. Isolation of diosgenin by acid hydrolysis of saponin [J]. Ind Eng Chem, 1957, 49（2）：186.

② 徐成基主编. 中国薯蓣资源——甾体激素药源植物的研究与开发. 成都：四川科学技术出版社，2000：51-55.

中酸水解是皂素生产的关键环节，要掌握合适的水解蒸汽压力、酸度和水解时间，工艺条件不当会影响皂素的质量及得率。质量一般用皂素熔点来反映，如纯度低熔点就低。黄姜水解需很高的酸度（1mol/L 或更高），通常的用酸量：每吨皂素需盐酸 17t 左右，或用硫酸 8t。

3.1.4　生产工艺流程与设备

20 世纪 70 年代我国就开始了黄姜皂素的生产，生产工艺经过多次研究改进，到现在普遍采用的工艺就是上述的预发酵—酸水解工艺，所得水解物用溶剂提取皂素。

1. 皂素生产传统工艺流程

黄姜皂素基本生产工艺流程如图 3-2 所示。

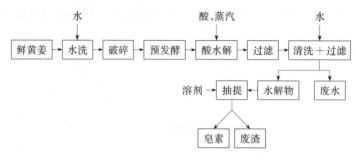

图 3-2　皂素传统生产工艺流程简图

2. 水解物生产设备

鄂西北、陕南一带的皂素加工厂多数只生产水解物，水解物可作产品直接销售。传统生产工艺加工水解物所用机械设备不多。以十堰市的某皂素厂为例，其水解物生产的主要设备见表 3-1 所列。

皂素厂水解物生产设备一览表　　　　　　　　　　　　　　　　　　　表 3-1

工艺环节	清洗及鲜姜破碎	预发酵	酸水解	水解出料过滤、清洗	水解物脱水、干燥
设　备	转笼 锤式破碎机 机械筛网 水泵	发酵池＋搅拌器	反应釜 蒸汽锅炉	清洗池＋滤布	离心机 烘箱

3.2　黄姜加工皂素的生产过程及污染排放

3.2.1　原料的处理与初加工

1. 黄姜原料收购

一般要用（人工种植）生长期 2～3 年的黄姜生产皂素，姜农采挖及供货的季节性很强。由于黄姜有效成分（皂素）含量低，因此原料的需求量很大，一般规模的工厂每天要百十吨姜。黄姜产区分散，个体姜农种植或采挖野生姜，多由中间商贩收购向皂素厂供货。黄姜不宜长期储藏，尤其遭雨淋后易腐烂，品质下降，因此皂素企业不能维持全年连续生产。一般每年进入 10 月后姜农供货，皂素生产进入了旺季，一直可到来年 6 月。为解决原料季节性短缺及储存问题，黄姜产区也有少数加工干姜片（鲜姜切片、干燥）供应（为个体农户或小作坊），但未形成规模。

2. 鲜姜清洗、破碎和发酵

黄姜为植物根系，采挖鲜姜带泥沙多。鄂西北的企业反映，收购的姜常掺混有其他杂质，收购的鲜黄姜泥沙杂质一般要占5%～10%或更多，因此筛除、清洗泥沙与杂质是必要工序。一种称为"转笼"的过筛设备应用较普遍（图3-3），是由电机带动的旋转筛（外带喷水），边筛土边输送清洁的黄姜进破碎机。洗姜水待土和杂质沉淀后直接排放，仅有少数厂家能做到（部分）回用。

图3-3 转笼：进料和洗姜

黄姜清洗以后进行破碎。传统生产是用锤片式破碎机，边加水边破碎，再用筛网控制细度，混合物料粒径在2～5mm。锤片式破碎机是生产过程的主要噪声污染源。

黄姜破碎后在地坑内发酵，规模大些的企业建多格水泥发酵池，分批发酵作业，池子带搅拌器（图3-4）。发酵须掌握好温度、发酵时间，在（冬季）池内通蒸汽保持发酵温度。黄姜分批完成发酵，进反应釜酸水解。

3.2.2 酸水解与水解物的清洗过程

1. 酸水解

黄姜水解在通蒸汽的反应釜内进行（图3-5），通常温度控制在120℃，蒸汽压力在0.2MPa左右，反应2～3h。在水解过程黄姜的淀粉水解成糖，水解后出渣液混合料，固体渣为纤维和木质素等的混合物，液相是以葡萄糖为主的糖液与酸液，而皂素就含在渣中。

图3-4 黄姜发酵池（带搅拌器）　　　　图3-5 酸水解车间（右侧排列水解釜）

反应釜内加酸：盐酸或硫酸，效果基本相同。传统工艺实际操作时是靠经验投加酸，盐酸投加易于控制，收率和皂素质量较稳定，故以往多数企业用盐酸法。盐酸酸解法近年来被列入国家发改委《产业结构调整指导目录》淘汰类，因而改用硫酸水解，原因是出于环保考虑——涉及废水处理的问题（本书第4章论述）。

传统工艺酸水解过程，黄姜植物根状茎的主成分（淀粉、纤维）均参与水解，淀粉在酸水解过程对皂苷的"包裹"和"屏蔽"作用难以避免；而且物料虽经破碎的粒径较大，导致皂素水解不彻底，为此要采用强烈的水解反应作业条件。研究表明，水解压力过大、酸度过高或水解时间过长，会产生杂质（脱水产物），使皂素的质量受影响（熔点降低），得率减少①。

在酸水解釜（图3-5）开罐泄压时排放大量酸雾，带强烈恶臭。恶臭，包括黄姜发酵的恶臭，也是黄姜皂素生产屡遭投诉的环境污染问题。目前只有部分企业装了酸雾吸收净化装置。

2. 洗中性

酸水解完成后，固液分离是第一步，传统方法所用设施简陋，水解罐出料先用滤布将水解渣料过滤，滤下液是水解原液，行业内俗称"头道液"（图3-6），皂素则含在渣料中。第二步是清水洗涤水解渣料。

渣料经清水洗涤，水解物中的可溶性杂质和残酸用清水洗去（至 pH＝6～7），即所谓"洗中性"。一般是在砖砌池子铺上滤布（图3-7）边洗边自然（重力式）过滤。为控制含皂素水解物料流失，滤布网眼不能大，因此滤速很慢。"长流水"洗中性方式很普遍，有些皂素厂就建在河边便于无偿取水，因而用水多，废水排放量也大。近年也有企业采用较为先进的板框压滤机，多道水洗，提高清洗过滤效率。

图3-6　水解物滤下头道液　　　　　　　图3-7　水解物洗涤—过滤池

水解原液（有机物、酸）浓度最高，因其含有一定的糖分，故以往有用它制酒精的，以此减轻污染负荷，但受到生产成本高和设备方面的诸多限制而难以得到推广。传统生产方式水解原液和洗液通常是混合排放，是黄姜皂素生产中污染最重的源头。

洗涤后的酸水解渣用离心机甩干再干燥，这就是"水解物"（图3-8），水解物干燥以摊晒自然干燥为主（图3-9）。近年有用烘箱（蒸汽为热源）烘干的，比较先进的烘箱还

---

① 徐成基主编.中国薯蓣资源——甾体激素药源植物的研究与开发［M］.成都：四川科学技术出版社，2000：41。

带温度控制。

图 3-8　水解物样品

图 3-9　水解物干燥车间

3.2.3　汽油提取皂素

水解物干燥后的溶剂提取皂素工艺目前普遍用 120 号溶剂汽油提取，规模较大的皂素厂设有专用提取设备，小厂仅出售水解物。提取设备有回收汽油装置，但泄漏难以避免。环境污染主要是挥发性有机物（VOCs）的排放，以及汽油提取后的残渣（主要成分为纤维素、木质素），生产每吨皂素要产生废渣 10t 左右，目前尚未找到有效利用途径。

3.2.4　传统生产的资源消耗

1. 黄姜原料用量大

黄姜皂素生产原料起初取之于秦巴山区的野生黄姜，后随皂素需求增加野生资源出现短缺，在产区开展人工育种栽培。在试种初期产品质量也相对较高，人工栽植的黄姜（干姜）皂素含量平均达到 2.5％～3％。但后期黄姜种植业处于盲目扩大再生产状态，疏于科学育种和种植管理，致使种质退化，黄姜的皂素含量下降。据笔者 2010～2012 年对几个企业收购黄姜的测定情况看，从郧西县及周边传统黄姜产地进货的鲜黄姜，皂素含量都只在 0.55％～0.65％，即干黄姜的皂素含量小于 2％。这样，以一般的提取工艺水平，多数加工厂生产每吨皂素鲜姜的用量要到 150～160t 之多。

皂素含量直接影响生产成本。据测算，黄姜皂素含量如提高到 0.80％，同样工艺，可以少用黄姜 32％左右。这样不仅使生产原料成本降低，而且水污染排放也会相应减少。

2. 资源浪费

黄姜中有可利用的资源，如淀粉（占鲜姜质量 12％）参与酸水解后生成糖液，随废水排放，原料大量流失成为水污染源头。据测算：如按年产 20t 皂素的规模计算，每年从废液排放的薯蓣淀粉就相当于 700 多吨的粮食[1]；水解反应作为催化剂投加的酸（每吨皂素约 8t 硫酸）不加回收，排放环境。黄姜中的纤维（占鲜姜质量 15％）在水解物经溶剂（汽油）提取皂素后，也成废渣排放。

---

① 徐成基主编. 中国薯蓣资源——甾体激素药源植物的研究与开发 ［M］. 成都：四川科学技术出版社，2000：96-97。

3.3 黄姜皂素生产的环境污染与防治问题

3.3.1 传统生产的水污染排放特点

总体而言，我国黄姜皂素行业传统生产方式，从原料加工到水解物产出、皂素提取的工艺过程，资源高消耗、污染重的特点突出；行业以作坊式小企业为主体，设备简陋，生产方式粗放，是典型的"低、小、散"行业。

1. 废水排放的污染特征

有关黄姜废水排放的污染特征，各地环保部门和科研单位已多有测试数据，归纳如下：

（1）酸水解原液，即"头道液"，污染最重：化学需氧量（COD）浓度高达 12～14 万 mg/L，氨氮（NH_3-N）1000～1200mg/L，pH<1，酸性很强。酸水解物料一般需经三四道洗涤，传统工艺生产水解渣洗涤水与头道液是混合排放的，这样的"综合废水"COD 浓度仍可在5万～6万 mg/L 左右。另外，废水色度很重（混合废水色度：稀释倍数 3000多），呈酱油色。

（2）废水排放量大。每生产 1t 皂素的酸水解原液，排放量约在 $180～200m^3$；综合废水排放量要更大，笔者在十堰市的一家黄姜皂素加工厂实测的水解物生产排放废水情况，见表 3-2 所列。

传统生产工艺水解物生产废水排放主要污染指标   表 3-2

工艺废水	生产 1t 皂素的排放量（m^3）	废液主要污染物浓度（mg/L）	
		COD_{Cr}	NH_3-N
头道液	210	101000	1216
一次洗水	434	77600	780
二次洗水	417	7120	39

（3）洗姜水排放污染。洗姜水不仅是泥沙多而且夹带泡沫（因含有部分可溶性皂贰），取直接（一次）洗姜水样分析，污染指标 COD 在 $500mg/L$ 左右，故有机污染不容忽视。洗姜水的排放量视鲜姜的泥沙杂质夹带多少以及取水难易程度而定，一些皂素厂建在河（溪）边，往往是洗姜水直取直排。少数企业为节约用水会采取简易处理措施（沉淀处理）回用。实测某厂的洗姜水（循环多次），经沉沙后 COD 可达 $2300～2600mg/L$。洗姜池里大量泥沙杂物需清渣，处置不当也造成环境问题。

2. 水污染负荷分析

黄姜皂素行业小企业居多，从陕、鄂两省情况看，具规模（年产 300t 皂素，即日产 1t 左右）的厂很少，平均日产 0.5t 皂素规模的皂素厂（或仅产水解物，折成皂素产能）为多，厂虽小但污染重。为说明小皂素厂（日产 0.5t）废水排放的污染负荷，以一个城市污水排放量来对比分析如下：

（1）据以上对黄姜皂素企业污染特征的调研分析数据（COD 为 5 万～6 万 mg/L，废水量以 500m³/d 计），则该黄姜厂排放的污染量（COD 计）为 25～30t/d。以城市污水处理厂现行设计经验（以武汉市为例），城市污水处理厂的设计进水 COD 浓度为 300mg/L，即 3tCOD/万 m³ 污水；故该黄姜厂的 COD 污染量（25～30tCOD/d）就相当于一个（排放 0.8 万～10 万 m³/d）城市的排污量。

（2）计算相当城市的人口规模：按污水排放量（0.8 万～10 万 m³/d）推算城市的人口规模，依据城市污水处理厂的设计规范：大中城市人日均排水量＝230L/（人·d），则万人每日排放 2300m³，10 万人每日 23000m³，故日产 0.5t 规模的皂素厂（COD 5 万～6 万 mg/L，废水量 500m³/d），相当于一个 35 万～40 万人口城市日均排放的污染量（排放 0.8 万～10 万 m³）。按此类推，日产 1t 皂素能力的皂素厂（即年产 300t 皂素），相当于一个 70 万～80 万人口城市的日排放废水的污染负荷量（COD 计）。

3.3.2 黄姜废水处理问题

黄姜加工水解物的过程排放废水属高浓度有机废水，含高浓度单糖、多糖、木质素等，又因其含大量酸，处理难度大。黄姜废水处理按照现行的行业标准《皂素工业水污染物排放标准》GB 20425—2006，皂素工业排放标准的制定考虑了黄姜废水处理的难度，对照《污水综合排放标准》GB 8978—1996，可见部分浓度限值相关主要污染物指标有所放宽（表 3-3）。

黄姜皂素废水排放有关标准的污染物允许排放浓度对照   表 3-3

	《污水综合排放标准》GB 8978—1996	《皂素工业水污染物排放标准》GB 20425—2006
COD(mg/L)	100（一级）;300（二级）	300
NH_3-N(mg/L)	15（一级）;50（二级）*	80
色度（倍）	50（一级）;80（二级）	80

* 属"医药原料药"适用范围。

行业排放标准的制定，废水处理的技术可行性与技术—经济分析是重要考虑因素。在 2005 年前后，以鄂、陕两省的科研单位为主开展了黄姜皂素废水处理技术攻关，针对皂素传统生产排放废水的末端治理形成一些处理工艺，例如"石灰中和/沉淀→三阶段两相厌氧→接触氧化"工艺等，为了达标有的工艺加上深度处理如催化氧化或人工湿地等处理措施（见本书以后章节系统介绍）。从皂素工业标准实施几年来的情况看，因传统工艺排放废水污染重，酸度高而且废水量大，要指标全面达标很难。

3.3.3 黄姜皂素行业污染防治的困境

1. 黄姜皂素市场剧烈波动的影响

黄姜皂素生产的末端废水治理，全行业至今按现行标准能全面达标的企业很少。除治污设施投资、运行成本、技术等因素外，黄姜皂素市场的波动、企业利润下滑，都影响到皂素加工业的污染治理。现列举十堰某皂素公司（生产规模：100t 皂素/年）的情况：

2011 上半年市场情况反映，黄姜价格上浮，而皂素（含水解物）售价在低中位。成本分析见表 3-4。

	项目	价格（元/t）	备注
1	黄姜（鲜）单价	2600 元/t 黄姜	
2	黄姜成本价	416000 元/t 皂素	按产 1t 皂素需黄姜 160t 计
3	加工生产成本	60000 元/t 皂素	物耗、能耗、人工、设备折旧（无环保设施或设施简陋）
	水解物生产总成本	476000 元/t 皂素	未含税
4	水解物现售价	490000 元/t 水解物	
	水解物提取皂素成本	50000 元/t 皂素	未含税
5	皂素现售价	540000 元/t 皂素	

以上成本分析表反映，原料（黄姜）成本已占到七八成，加上加工成本，在皂素（水解物）价格较低的情况下要占（水解物）售价的97%以上（税费与环保设施运行费用尚未计入加工成本内），企业利润微薄。为节约成本，铤而走险，偷排、暗排或稀释排放废水现象在黄姜皂素业相当普遍，尤其是在市场行情变坏时。据我们在鄂陕两省产地调查所见，为过环保关搞"治污"的企业通常出现两种局面：一种是少花钱以简陋治污设施对付（图3-10）；另一种是经常停运已建设施，偷排、暗排或稀释排放废水（图3-11）。

图3-10 废水处理简陋设施（十堰某皂素厂）   图3-11 某皂素厂的河边排污口（陕西2005年）

2. 强制关停与污染反弹

1）皂素企业关停，污染减排

近年来，黄姜产区环境保护呈高压态势，十堰市政府用行政手段实行皂素企业全面关停。[①] 再就是黄姜皂素市场常显乱象（2003年前后），使姜农受重创、黄姜生产锐减，也造成不少企业倒闭，黄姜皂素业污染得到一时的控制。

2）黄姜皂素生产受市场需求支配：污染反弹

2008年后一段时间，国际与国内市场出现皂素需求旺盛，皂素价格上扬很快。受利益驱动，企业违禁生产多了起来，皂素价格上扬促使黄姜的价格也随后回升，鲜黄姜价格

---

① 十堰市人民政府文（十政发〔2007〕18号）。

达每吨2500元以上，这样又使厂家的利润空间受压缩，企业违法排污现象多了起来，出现污染反弹。以陕西省为例，环保厅（2010年）为此下了紧急通知："由于黄姜废水污染严重，治理难度较大，一些企业为追求利益最大化，擅自停运污染治理设施、偷排暗排违法生产废水，污染问题再次反弹……"[①]

3. 违法排污，环境监管难度大

当市场对皂素需求增加、价格上扬时，低水平重复建设纷纷出现（其中不乏逃避环境审批的），但时而又出现产能过剩，黄姜皂素市场"过山车式"的波动（见本书第2章），极易诱发企业向环境转嫁污染成本的非法排污行为。

黄姜皂素产区，尤其是处于乡镇的一些厂子，往往是地方的"钱袋子"，因而受到保护；小皂素厂上马快、点多，而且相对分散"隐蔽"，环保部门普遍反映监管难度大。

3.4　南水北调中线水源保护对黄姜行业的环保要求

3.4.1　黄姜产业集群区的形成特点

1. 黄姜资源与种植

鄂西北十堰市与陕南三市是黄姜原产地，从20世纪80年代后开发黄姜人工引种栽培成功，黄姜种植在鄂陕两省已形成规模（图3-12）。种黄姜与种粮比，效益好，农民积极性高，地方政府和部门大力支持发展，黄姜种植到2003年达到高峰。

2. 黄姜皂素产业集群的形成

皂素生产因原料黄姜需求量大，出于运输成本因素，加工企业多向原料产地聚集。据近几年的统计，全国85%以上黄姜种植及加工在鄂西北、陕南及河南省丹江流域局部地区；在当地黄姜种植、加工业曾被称为具有"独特优势和比较效益"的重要产业，20世纪90年代起，地方政府将它作为农民增收脱贫致富、农村主导产业大力发展。

图3-12　大片种植的黄姜（郧西县2003年）

3.4.2　南水北调中线工程水源区及水源保护规划

1. 水源区污染控制单元的划分

丹江口水库是国家南水北调中线工程的水源地，中线工程的建设对中线水源区（包括汉江、丹江上游）提出了严格的环保要求。为保护中线水源"一库清水向北流"，国家制定了水污染防治和水土保持的规划——《丹江口库区及上游水污染防治和水土保持规划》，

[①]　陕西省环境保护厅，《关于进一步加强黄姜皂素企业环境监管的通知》陕环函［2010］406号。

规划范围（规划区）涉及陕西、湖北、河南三省八个地市（图 3-13），2006 年国务院对该规划作了批复。"十二五"期间（2010 年）国家发改委等五部委及鄂、陕、豫三省编制了《丹江口库区及上游水污染防治和水土保持"十二五"规划》（以下称《"十二五"规划》），明确了丹江口库区及上游的水质保护目标、污染物总量控制目标和水土保持目标。

《"十二五"规划》将水质达标控制分解到水源区"控制单元"，共 17 个（含 49 各子单元），分别属湖北十堰市的丹江口、郧西等八县（市、区），陕西的安康、汉中、商洛三市及河南的南阳地区（西峡、淅川、邓州等县）。水质仍为Ⅴ类和劣Ⅴ类的入库河流就在湖北十堰市的控制单元和河南南阳市的控制单元。

污染控制单元划分的地区正是黄姜种植与加工厂点主要分布区域。

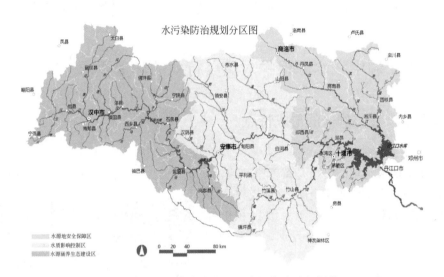

图 3-13　南水北调中线水源区水污染防治规划分区

2. 水源区水环境质量要求

1）"十二五"规划批复要求，通过规划实施要分阶段实现规划的水源区水质目标：

（1）2014 年（南水北调中线工程通水前）：丹江口水库陶岔取水口水质达到Ⅱ类（总氮保持稳定），主要入库支流水质符合水功能区目标要求，汉江干流省界断面水质达到Ⅱ类。

（2）2015 年末：丹江口水库水质稳定到Ⅱ类要求（总氮保持稳定）；直接汇入丹江口水库的各主要支流水质不低于Ⅲ类，入库河流水质全部达到水功能区目标要求；汉江干流省界断面水质达到Ⅱ类要求。

2）规划区水环境现状与规划目标差距：

（1）库区水环境质量状况：以 2008 年为环境现状基准，丹江口水库水质评价是在总氮不参与评价的条件下，尚属Ⅱ类，但实际总氮指标从汉江上游到库区逐渐上升，到水库已接近Ⅳ类，不容忽视，水源保护形势严峻。特别突出的是入库河流的水质，在 20 个监测断面中还有 6 个为Ⅳ类至劣Ⅴ类的，其中劣Ⅴ类的河流是地处十堰市的神定河、泗河。

（2）水污染物排放：丹江口库区有陕西省商洛市洛南县、山阳县、商州区和汉中市的城固县，河南省南阳市的淅川县，湖北省十堰市的郧西县、竹山县、丹江口市、张湾区等。沿汉江干流，汉江十堰市段的废水排放量和 COD 排放量居首，汉江的商洛段以及丹江的商洛出境段 COD 排放量其次。从重点排污的行业分类看，医药制品业（主要为黄姜皂素业）COD、NH_3-N 的排放居首。

（3）黄姜种植的面源污染：郧西、郧县和竹山等产区水土流失严重，坡耕地多，大面积种植黄姜使化肥使用量增长，加剧面源污染，影响丹江口水库水体水质（总氮浓度偏高）。

3. 国家污染专项整治的重点

《"十二五"规划》将黄姜皂素加工业列为重点控制单元（如丹江商洛段、汉江十堰段）的整治任务。而且，国家近年确定的专项整治十大重点行业之一有"原料药制造"[①]行业，黄姜皂素生产归属于此。

3.5　黄姜皂素行业的生存与发展之路

综上所述，黄姜皂素生产因其严重的水污染而多年来饱受诟病，主产地环境因素又十分敏感，面临严峻的形势。黄姜皂素作为一个产业能否继续生存下去，这是秦巴山区黄姜产地群众（包括数十万姜农在内）关心的，也是甾体激素医药行业十分关注的问题。

3.5.1　政策与产业需求

1. 国家扶贫与地区经济社会发展

回答以上问题首先要从国家政策层面看，为促进水源地区域经济社会的可持续发展，确保南水北调中线工程的长治久安，以及落实国家扶贫攻坚战略，有关部门近年制定两项规划，经国务院批复实施：

（1）《丹江口库区及上游地区经济社会发展规划》（国函〔2012〕150 号）。规划考虑到丹江口库区及上游地区经济社会发展水平总体较低，提出了发展地区特色产业的方针；明确要"整合黄姜皂素加工企业，强化资源综合利用，改进加工工艺"。

（2）根据中央扶贫攻坚战略制定的《秦巴山片区区域发展与扶贫攻坚规划（2011—2020）》（国函〔2012〕35 号）及《中国农村扶贫开发纲要（2011—2020 年）》，秦巴山区黄姜主产地的鄂西十堰市（县）与陕南安康、商洛各市（县）均列入了全国 11 个"连片特殊困难地区"名单[②]。扶贫攻坚规划对十堰市及陕南市县都提出了发展"特色农产品加工业"方针，在"产业发展"——章中的"生物产业"部分提出："要引进高新技术和现代制药企业"，加工转化包括黄姜在内的中药材，打造"秦巴药乡"品牌。在"科技扶贫"一节提出："支持道地中药材新品种研究开发"，建立一批"道地中药材生产基地"，其中也包括黄姜，还提出建设"黄姜皂素清洁生产研发中心"等意见。

2. 甾体激素医药产业的需求

从甾体激素药业来看，薯蓣皂素长期以来是主要的基础原料，黄姜又是薯蓣皂素的首

---

① 《水污染防治行动计划》国发〔2015〕17 号，2015 年 4 月 2 日。

② 《关于公布全国连片特困地区分县名单的说明》，国务院扶贫办，2012 年 6 月 14 日。

选原料植物，在此基础上我国已发展成为国际上甾体激素原料药及其制剂的主要生产国，满足了国内与国外市场的需要。近些年生物转化甾醇的技术尽管有所发展，但我国有 2/3 以上的甾体激素药物（尤其是皮质激素）还是薯蓣皂素为原料生产的，以黄姜皂素—双烯为主线的甾体激素药物合成仍是甾体药业的主导工艺，具有明显的优势（见本书第 2 章）。

3.5.2 清洁生产与产业转型升级

黄姜皂素生产长期以来粗放经营，"低、小、散"的面貌迫切需要改造提升。靠环保倒逼机制推动，用好污染治理这一"抓手"，黄姜皂素行业的落后局面有望得到改观：① 通过严格行业水污染物排放标准，依法取缔没有治污能力的小黄姜厂，推动黄姜皂素加工业整合、转型升级；②总结多年的污染治理经验教训，从源头治理黄姜皂素生产污染。早在 2005 年时任总理温家宝在《国内动态清样》（2005 年 5 月第 1261 期）批示："要及早改进黄姜加工工艺，实现清洁生产，保护南水北调水源地不受污染。"近十年来这方面已取得进展。

1. 清洁生产工艺特点

黄姜皂素污染治理从污染末端治理开始，之后走上了清洁生产源头治理的正确路子。2005 年前后，在重点产区鄂陕两地的一些科研单位深入黄姜企业，积极开展一系列清洁生产技术攻关，得到国家和地方政府的多方有力支持[①]。

技术攻关的重点在改革污染最重的水解物生产工艺，开发了预分离黄姜淀粉、纤维，以及溶剂直接提取皂甙新技术，并自行研发工艺设备。新技术工艺的显著成果是：①加工水解物的用酸量减少，污染负荷得以显著减轻；②源头治理可降低末端污染治理的成本，而且黄姜中有效资源（淀粉等）部分得到回收利用。

2. 推行清洁生产的成效

目前清洁生产工艺已渐成熟，在鄂、陕黄姜皂素产地有的已达到生产规模应用水平；不少先进生产设备得到应用，落后的作坊式生产面貌得到改变。在技术攻关中，减排和经济效益两者都不可或缺，通过研发先进的发酵和酶技术来提高皂素收率，企业利润空间得到释放。在此基础上加强示范企业效应，黄姜皂素加工产业有望进入良性整合。

（沈晓鲤　编写）

---

① "十一五"国家科技支持计划重大项目——"丹江口水源区黄姜加工新工艺关键技术研究"（2006BAB04A14-3）；"黄姜皂素清洁生产技术研究开发及示范工程"——湖北省重大科技攻关项目（2004AA305A）；"黄姜加工产业清洁生产工艺和污水处理技术"——陕西省环境科技攻关重点项目（2006）；十堰市人民政府文件——《市人民政府关于进一步推进黄姜皂素清洁生产的意见》（十政发［2006］40 号）

第4章 黄姜皂素生产废水治理：处理工艺与运行评估

4.1 黄姜皂素废水处理技术概况

黄姜皂素传统生产工艺在提取水解物过程中，排放的废水量大，酸性强，污染物浓度高，处理难度大。近十多年来国内不少科研单位、院校在环保及科技部门支持下，开展了大量黄姜皂素废水的处理技术研究。

4.1.1 黄姜皂素废水处理技术

黄姜皂素废水治理，前期的研究工作集中在企业末端废水处理，针对黄姜加工水解物的废水水质特点，工艺技术核心部分仍然是生物法，即厌氧—好氧生物处理。

黄姜皂素废水含高浓度有机污染物，主要污染指标归纳各地环保监测和科研单位的测试数据，本书第3章已有叙述。废水主要有机物成分有还原性糖、可溶性淀粉、蛋白质和少量的水溶性皂甙、单宁、糠醛类物质等；废水中含大量水解后残酸（pH <1），酸性极强。在处理技术方面，单依靠生物法难以处理达标，因此结合多种物化法，包括混凝、铁碳内（微）电解、碳吸附、臭氧氧化或电氧化等技术，以及自然净化（人工湿地等）的组合工艺应用。废水中和处理是首先要解决的问题，必须投放碱性药剂，石灰是首选。

对高级氧化法（臭氧、芬顿试剂）与铁碳内电解等技术有较多研究应用，铁碳内电解技术的研究主要关注铁/碳质量比、pH 值、曝气时间等因素的影响。徐朝辉等[1]采用曝气内电解预处理技术与臭氧高级氧化技术的联合工艺处理黄姜皂素废水，通过实验研究发现，得到预处理体系的条件参数，COD_{Cr} 去除率 48.6%，脱色率 80%，废水中有机物负荷降低，可生化性加强。铁碳内电解技术以往在有机化工等难降解工业废水应用，对其降解机理也多有研究。黄姜皂素废水处理工艺流程中应用较多，但大多因采用机械加工产生的铁屑，易出现结块、堵塞，经运行考察效果并不理想。

北京大学与百科皂素公司联合开展的中试研究"兼有脱硫功能的两相厌氧和固定化微生物的曝气生物滤池"技术，该项目纳入国家"十一五"科技支撑项目，技术特点包括脱硫技术的应用：处理硫酸法水解带来的"后遗症"（硫离子干扰厌氧产甲烷过程）。

4.1.2 几项典型的废水处理组合工艺

1. 三阶段两相厌氧—好氧组合工艺

武汉工程大学课题组[2]提出了三阶段两相厌氧—好氧组合工艺处理黄姜皂素废水，所

---

① [1] 徐朝辉，刘小玉，童蕾等. 曝气内电解——臭氧法预处理皂素废水的研究 [J]. 水处理技术，2006，26（10）：52-55.

② 张寿斗，毕亚凡，刘旋等. 黄姜皂素废水处理工程实践及分析 [J]. 武汉工程大学学报，2008，30（3）.

谓"三阶段两相"是在水解酸化与内循环厌氧反应池（IC）产甲烷相之间增加微电解单元，工艺流程如图4-1所示。工业性规模试验在十堰郧西县某皂素厂进行，处理黄姜加工水解物的废水。该项试验属（2005年度）湖北省环境专项资金科研项目（图4-2）。

废水进水水质：COD_{Cr} 30000～40000mg/L，悬浮固体（SS）300～450mg/L，SO_4^{2-} 9300mg/L，色度3500倍，pH0.4～1.5。

三阶段两相工艺简介如下：

废水投大量石灰中和后进入ABR（厌氧折流板反应器）厌氧酸化池，其作用一是通过水解酸化菌的作用使大分子或难降解物质发生水解，提高其生化性，二是会有硫酸盐还原菌产生，可使硫酸盐还原为S^{2-}。ABR由垂直的导流板分隔成4个串联的反应室，其总容积为90m³；酸化池共4格，停留时间3.6h；为提高废水生物可降解性采用以铸铁屑为填料的所谓"内（微）电解"池，其中有无数原电池形成，发生氧化还原反应，停留时间0.9h。

厌氧段：设2个IC反应池，有效容积392m³，水力停留时间为38 h；稳定运行时容积负荷18kg COD/(m³·d)。厌氧反应器须控制COD/SO4²⁻（控制在7～10），否则会干扰和抑制甲烷菌。好氧段：设生物接触氧化池，有效容积160m³，水力停留时间为15.3h。

处理系统出水水质COD平均达到298 mg/L，满足国家《皂素工业水污染物排放标准》GB 20425—2006相关指标要求。

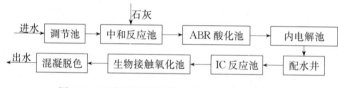

图4-1 三阶段两相厌氧—好氧组合工艺流程

图4-2 三阶段两相厌氧—好氧工艺试验装置（郧西2006年）

2. 内电解—UASB—厌氧—好氧—深度处理组合工艺

文献报道，华中科技大学开展的科研项目[①]为"采用内电解—UASB—厌氧—好氧—

---

① 但锦锋，袁松虎，刘礼祥等．皂素废水处理工程的设计与调试运行［J］．环境工程，2006，24（4）：20-24.

深度处理组合工艺"处理黄姜皂素生产废水，工艺流程如图4-3所示。该工艺主要特点有：厌氧池（有效容积98m³），内设"隐吸双喷激波"传质器（起强化底物传质的作用），内植高密微粒优势厌氧微生物；好氧池（有效容积120m³），采用射流曝气充氧。为确保达标，采用深度处理：水平潜流型人工湿地，系统内部有不同级配的填料，表层覆以泥土，并种植当地根系比较长的水燕麦，通过植物的吸收以进一步降低废水中的COD、NH₃-N和总磷（TP）。试验工程设计参数：处理量100m³/d，进水COD$_{Cr}$ 22000～30000mg/L，五日生化需氧量（BOD₅）6600mg/L，色度2500倍；pH 0.8。

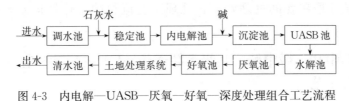

图4-3 内电解—UASB—厌氧—好氧—深度处理组合工艺流程

3. 兼有脱硫功能的两相厌氧和固定化微生物的BAF工艺

上述北京大学与百科皂素公司联合的中试研究项目的处理工艺流程如图4-4所示。

图4-4 兼有脱硫功能的BAF工艺流程

该工艺试验装置处理传统工艺加工黄姜水解物的综合排放废水，水量24m³/d，COD22057mg/L，NH₃-N217.3mg/L，色度1000，连续运行了4个月。

设计参数如下：

（1）UASB型水解酸化反应器：硫酸盐被还原成硫化物，同时大分子有机物断链，有利于厌氧处理解阶段的甲烷化；水解酸化停留时间为9h。

（2）脱硫反应器：鼓入适量空气，使硫化氢从水相转移到气相，减少对甲烷过程的抑制；停留时间0.5h。

（3）UASB厌氧反应器：反应停留时间为30h。

（4）固定化微生物BAF：载体固定优势菌群，高效脱氮，降解COD，停留时间24h。

处理效果：出水COD平均为154.8mg/L，NH₃-N为13.8mg/L，色度20。兼有脱硫功能的水解酸化反应器：COD去除率80%～95%；固定化微生物—BAF：COD去除率60%～90%，NH₃-N去除率90%～95%。

4.2 工程应用实例：调研及工艺技术评估

《皂素工业水污染排放标准》GB 20425—2006这项行业标准的实施，将黄姜皂素废水排放控制从单纯浓度控制提高到单位产品的排水量、污染负荷的控制，从而推进了黄姜皂素水污染源头治理——皂素清洁生产工艺。清洁生产在一些企业推行，未端废水处理污染负荷得以减轻。在此背景下，本书作者承担"环保公益性行业科研专项"——《黄姜皂素行业污染防治技术评估研究》课题，考察已投入生产运行的黄姜皂素废水处理设施，期间测试了三家黄姜皂素企业的废水处理设施运行状况，有两家位于湖北省，一家在陕西省。这几家企业的共同特点是采用了清洁生产工艺，施行源头污染减排（详见本书5章）。按废水处理站的工艺流程，在各处理单元分别设定了监测采样点。根据《皂素行业水污染物排放标准》GB 20425—2006 的污染物指标，重点测试主要工艺单元出水的 COD_{Cr}、BOD_5、SS、NH_3-N、TP 等指标。考察项目包括测试处理单元的处理效率、处理工艺流程的总体处理效果，并收集运行成本数据。

4.2.1 石灰石中和—微电解—两级水解酸化—UASB—三级生物接触氧化—碳滤组合工艺

1. 工艺流程

湖北省十堰市某公司是考察的第一家黄姜皂素企业，该公司采用物理分离法（淀粉与纤维全分离）提取水解物（详见本书第5章），属清洁生产工艺。生产废水主要来自于水解物提取工艺过程，综合生产废水排放浓度经测定为：COD_{Cr} 约 9000mg/L，BOD_5 约 7000mg/L，pH 约为1，NH_3-N 约为200mg/L，SS 约为2300mg/L，色度600倍。需说明，该企业采用盐酸水解，故废水 Cl^- 浓度高。

企业建有废水处理站，处理工艺流程如图4-5所示。

废水处理设计规模为150m³/d，占地面积约500m²。废水站总投资228万元，其中土建投资150万元，设备投资78万元。现场测试工作时间：2012年上半年。

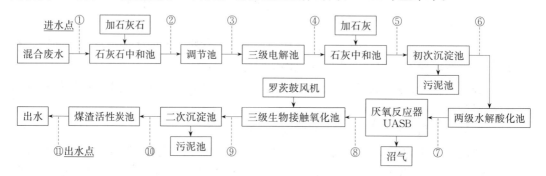

图 4-5　十堰某黄姜皂素企业废水处理工艺流程及采样点

2. 废水处理站主要构筑物

（1）废水经石灰石调节池（填块状石灰石），废水水质混合均匀，又进石灰中和池投加石灰调节废水 pH 至中性。

（2）电解池。电解池设两座，实际尺寸为长×宽×高＝3.7m×2.9m×4.5m，投加铁碳（主要为废铁屑）促进电解反应。

（3）水解酸化池。水解酸化池，实际尺寸为长×宽×高＝3.5m×2.5m×8m。废水中大分子的物质可以在此进行水解，提高废水的可生化性有利于后续生物处理，也起到初沉池作用。

（4）UASB。厌氧处理采用 UASB 反应器，污染负荷高，一般为 $5\sim10\mathrm{kgCOD}/(\mathrm{m}^3\cdot\mathrm{d})$，规格为长×宽×高＝$10.7\mathrm{m}\times6.9\mathrm{m}\times6\mathrm{m}$；进水通过布水系统上升至 UASB 反应器下部污泥床反应区、气液固三相分离器（包括沉淀区）和气室三部分（图 4-6）。冬季用蒸汽加热维持适宜厌氧温度。

值得注意的是，在测试期间该公司物理分离法工艺水解使用的是盐酸。但其末端废水处理的厌氧系统仍工作正常，甲烷过程并未受干扰，这表明清洁生产工艺的用酸量减少，废水中 Cl^- 浓度低于对厌氧系统的抑制浓度，说明在采用清洁生产工艺的情况下，黄姜团盐酸水解也是可行的——并未影响废水处理的厌氧过程。

（5）生物接触氧化池。好氧部分：生物接触氧化池装置软性填料，池底有曝气系统，由罗茨鼓风机供氧。此单元采用三级连续接触氧化，提高了水力停留时间，强化了生物反应，采用软性纤维填料作为生物膜的载体，下设成套曝气系统，曝气时间为 20h。

图 4-6　十堰某黄姜皂素企业废水站 UASB 的施工

3. 各工艺段出水水质评估

各处理单元对 COD、SS、$\mathrm{NH}_3\text{-}\mathrm{N}$、TP 均有较好的去除效果，进水 Cl^- 平均浓度为 3191.5mg/L，出水 Cl^- 平均浓度为 2397mg/L。经电解池处理后，废水可生化性（$\mathrm{BOD}_5/\mathrm{COD}$）提高，由进水的 0.26 提高至 0.36，经厌氧生物处理和好氧生物处理后，（好氧池后）二沉池的出水 $\mathrm{BOD}_5/\mathrm{COD}$ 降至 0.24。图 4-7 给出各项指标的去除情况。

二沉池的出水水质情况：取三次采样测定结果的平均值与《皂素工业水污染物排放标准》中"表 2 新建皂素企业水污染控制排放限值"进行对照（表 4-1），可见出水 COD、$\mathrm{NH}_3\text{-}\mathrm{N}$、TP 和色度均达到排放标准。另外，该企业 2010 年被湖北省列入"工业污染源国控点"，设有在线监测，监测指标为 COD、BOD、$\mathrm{NH}_3\text{-}\mathrm{N}$、SS、pH。

处理站出水水质与行业排放标准对照　　　　　　　　　　表 4-1

指标	COD (mg/L)	SS (mg/L)	$\mathrm{NH}_3\text{-}\mathrm{N}$ (mg/L)	TP (mg/L)	色度 (倍)	Cl^- (mg/L)
排放标准	300	70	80	0.5	80	300
出水（均值）	196.75	92.75	28.95	0.10	46.67	2397

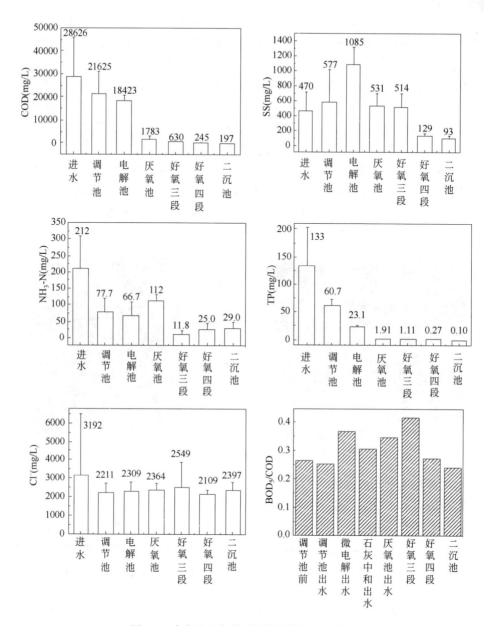

图 4-7　废水处理各单元污染物指标去除情况

4.2.2　石灰中和—两级 UASB—缺氧/好氧组合工艺

1. 工艺流程

陕西省商洛市的某化工厂是一家具规模的黄姜皂素生产企业，水解物生产工艺采用（分离淀粉）物理分离法（见本书第 5 章）。企业废水站（图 4-8）已投入运行，主要处理来自各种规格板框的压滤液和酸解物清洗废水。处理能力 450m³/d。废水处理工艺流程如图 4-9 所示。

图 4-8　商洛某黄姜皂素企业废水处理站

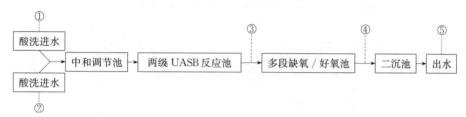

图 4-9　陕西商洛某黄姜皂素企业废水处理工艺流程及采样点

2. 废水处理工艺与主要构筑物

根据黄姜皂素生产水解物提取工艺废水酸性强，COD浓度高的特性，该废水处理站采用石灰中和预处理与厌氧、缺氧/好氧（A-O）生化系统（均为二级串联，以提高处理效果）。

1）石灰中和池

高酸度的废水（含酸量高达5％以上）用石灰中和处理，使硫酸钙（部分）沉淀去除以减少硫化物对后续生化处理的不良影响。该废水站采用品质较高的球磨石灰作为中和剂，并以鼓风搅拌，石灰量和渣量较少。

2）生化反应池

生化处理部分有厌氧、好氧生物处理池（图4-10）。处理站厌氧处理最初采用折流式厌氧反应器（ABR），后因处理效率偏低，改用上流式厌氧污泥床反应器（UASB），并用两级UASB提高处理能力。好氧处理部分采用接触氧化工艺，用悬挂式填料，为两级处理池。

废水处理站主要工艺构筑物及设计参数见表4-2所列。

商洛某黄姜皂素企业废水处理站主要构筑物及设计参数　　　　表 4-2

	构筑物名称	设计参数
中和处理系统	调节池1	容积24m³,间断运行
	中和反应池1	容积48m³
	滤液收集池	容积30m³
	石膏泥干化场	容积300m³

构筑物名称		设计参数
生化处理系统	水解酸化池	容积 540m³
	二级 UASB 池	单池容积 567m³,分设一级和二级两个池
	一级沉淀池	容积 62.3m³,水力负荷 0.8m³/(m²·h)
	二级沉淀池	容积 65.6m³,水力负荷 0.8m³/(m²·h)
	一级接触氧化池—缺氧段	容积 192m³,HRT=19h,有机负荷 2.5kgCOD/(m³·d)
	二级接触氧化池—好氧段	容积 154m³,HRT=12h,有机负荷 1.09kgCOD/(m³·d)
	回用水池	容积 30m³
	储泥池	容积 35m³

UASB反应池　　　　　　　　缺氧—好氧池

图 4-10　废水站生化处理系统主要构筑物

3. 各工艺段出水水质评估

废水处理站的各主要处理单元,对主要污染物 4 项指标的去除情况如图 4-11 所示。各构筑物单元对废水污染物有较好的去除效果。为说明处理效果,将其出水水质与皂素行业排放标准进行对比,见表 4-3。

处理站出水水质与行业排放标准对照　　　　　　　　　　表 4-3

指　　标	COD (mg/L)	SS (mg/L)	NH₃-N (mg/L)	TP (mg/L)
排放标准	300	70	80	0.5
出水(均值)	166.7	368.7	5.74	5.9

总体情况反映,处理站出水水质 COD 和 NH_3-N 均能达标排放;但由于测试期间(2013 年 5 月)其废水处理站正处于调试期,处理效果不稳定,导致总出水的 SS 和 TP 浓度分别为 368.7mg/L 和 5.9mg/L,均高于标准规定值(70mg/L 和 0.5mg/L),未完全达到行业排放标准。

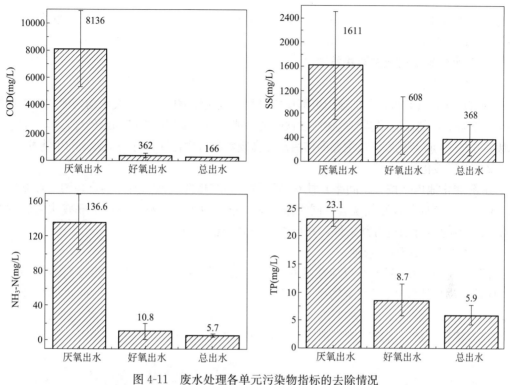

图 4-11　废水处理各单元污染物指标的去除情况

4.2.3　石灰中和—内电解—水解酸化—UASB—二级接触氧化池—生态塘组合工艺

1. 工艺流程

十堰市竹溪县某皂素公司采用 SMRH（液化—糖化法）新工艺生产水解物，其特点是黄姜淀粉分离制酒精，回收资源，减轻污染负荷，属于清洁生产工艺（详见本书第 5 章）。公司废水处理站处理酸水解工艺排放的过滤、洗涤废液以及制酒精产生的废水。

废水站工艺流程如图 4-12 所示。测试时间在 2011 年 6 月份。

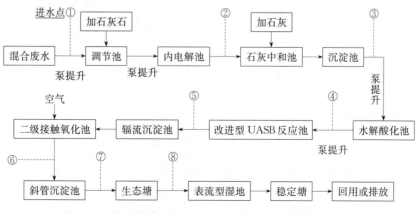

图 4-12　竹溪某黄姜皂素公司废水处理工艺流程及采样点

废水处理站设计日处理规模为 240m³，废水站进水 COD 为 15000～25000mg/L，可生化性较差（BOD/COD 为 0.25～0.30），pH 值在 1.5～3.5 之间，SO_4^{2-} 含量为 6500～8000mg/L，色度为 600～1000 倍。

2. 废水处理工艺及主要构筑物

1）内电解池

池底设置曝气装置，以加速内电解反应过程，减缓铁屑的板结；废水均匀地与铁碳接触并增加溶解氧，使反应器具有生物活性铁碳的功能。通过曝气内电解的预处理，可以部分去除废水中的 COD 与色度，最主要的作用是提高废水的可生化性，有利于后续的生物处理。

2）水解酸化池

水解酸化池内（按一定间距）挂双环填料。为维持酸化池内液体混合均匀并控制废水 pH 值，反应器底部设曝气装置，同时控制曝气量使池内处缺氧状态。水解酸化为后续的厌氧反应器的运行创造有利条件，并可去除部分的悬浮固体。

3）改进型 UASB 反应池

该公司所采用的 UASB 反应池有以下特点：在颗粒污泥床和三相分离器之间增设了填料层，加强固定厌氧微生物生长，延长厌氧污泥在反应池的停留时间，提高处理效率；废水由反应池底部的布水器进入，在向上通过污泥床的过程中，废水中的有机物与微生物充分接触，被降解同时产生沼气（未利用排放）。改进型 UASB 池如图 4-13 所示。

改进型UASB

好氧池

图 4-13　竹溪某黄姜皂素公司废水站主要构筑物

4）二级接触氧化池

池内悬挂双环填料，池底布设微孔曝气装置。废水由 UASB 反应池自流依次进入 5 个反应池，是二级好氧接触氧化。

废水处理站主要构筑物及设计参数见表 4-4 所列。

竹溪某黄姜皂素公司主要构筑物及设计参数　　　　表 4-4

构筑物	设计参数
内电解池	碳钢结构 1 座,直径 1.2m,有效高度 3m,总高度为 3.2m,有效容积 6m³,HRT=0.6h
水解酸化池	钢混结构 3 座,总有效容积为 304m³,HRT=30h
改进型 UASB	钢混结构 1 座,总有效容积为 675m³,HRT=67.4h
二级接触氧化池	钢混结构 5 个,总有效容积为 547m³,总 HRT=54.6h

3. 各工艺段出水水质评估

废水处理各主要单元主要污染物指标去除情况如图4-14所示。

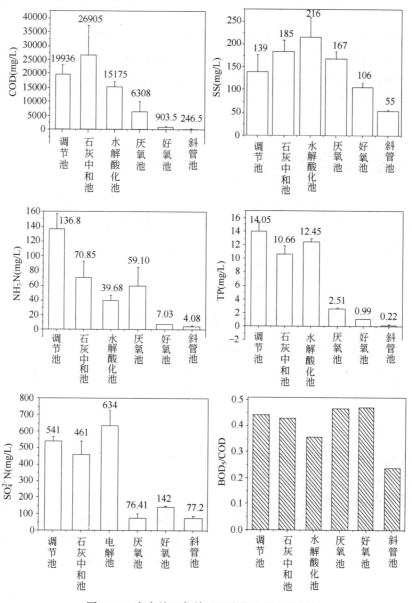

图4-14 废水处理各单元污染物指标去除情况

经调节、石灰中和、水解酸化流程后废水的可生化性能有所改善，测试表明：BOD₅/COD=0.47，达到较好的可生化性；再经厌氧及好氧处理，易于生物降解的物质基本被微生物所利用后，斜管沉淀池出水的BOD₅/COD降低至0.24。

水质监测情况反映，COD、SS、NH₃-N、TP和色度均达到排放标准，Cl⁻未测（因硫酸水解）。处理站出水的水质监测结果与《皂素工业水污染物排放标准》有关指标对照见表4-5所列。

指　　标	COD (mg/L)	SS (mg/L)	NH$_3$-N (mg/L)	TP (mg/L)	色度 (倍)	Cl$^-$ (mg/L)
排放标准	300	70	80	0.5	80	300
出水（均值）	246.5	55	4.08	0.22	50	未检测

应说明，该企业在以后扩大产能，2013 年废水处理站的日处理能力同时扩充到318m^3；同年由省环境监测中心站进行验收监测，后又通过了省环保厅阶段性环保验收（鄂环审 ［2013］263 号文）。

4.3　黄姜皂素废水处理运行状况后评价

从上述测试期间的情况以及笔者后期（2013～2014 年）回访的情况看，以上三家黄姜皂素生产企业的废水处理站，运行基本正常，达标情况较好，有的还通过了省级的环保验收（如上述十堰市竹溪的皂素公司）。应对某些运行环节出现的问题，如系统结垢、好氧池的大量泡沫，以及黄姜加工季节性停产（3～4 个月）后生物处理系统再启动等，企业运管技术员采取了一些应对、改进措施。

4.3.1　皂素生产清洁生产对末端治理的影响

清洁生产工艺的应用使企业从源头减少了排污（废水量及污染负荷量）污染负荷量减少，废水量对比传统老工艺清洁生产工艺可减少 50%～80%，采用萃取法清洁生产工艺减得更多些，采用物理分离法的废水量减得不多，但废水的污染物浓度降下来了（详见本书 5.2.1 节）。

污染负荷量减少，对黄姜皂素企业而言，处理站建设投资与运行费用均会有相应程度的减少。吨水运行费用尚未作具体测定，据部分企业提供的数据，可在 10 元/t 上下。废水处理投资与运行费用的减少，有利于企业污染治理设施的运行率和达标率的提高，这三个厂的情况可基本得到验证。

执行《皂素工业水污染物排放标准》不仅要控制废水污染物浓度指标，还必须执行排水量指标——现有（企业）600m^3/t，新建（企业）400m^3/t；根据以上企业情况，如果在原料（黄姜）冲洗环节能做到部分水回用的话，分离淀粉和纤维的清洁生产工艺达到标准是没问题的（详见本书第 5 章）。

4.3.2　皂素生产废水处理工艺及运行问题分析

1. 处理工艺技术

黄姜皂素废水处理，目前大多以基于厌氧—好氧的生化处理组合工艺为主，反应器在形式上尽管有所不同，厌氧系统是 COD 降解的"主力"——去除率在 90% 以上，而且可生化性改善；多数采用的是 UASB 反应器，两相的效果好些，容积负荷可在 10kgCOD/（m^3·d）。上述企业废水处理都未专设脱硫装置，而用水解酸化保持较高的 COD/SO$_4^{2-}$，说明采用缺氧水解段对硫酸盐的去除有作用，对厌氧产甲烷的干扰不明显。

NH$_3$-N 指标方面，对照《皂素工业水污染物排放标准》NH$_3$-N：80mg/L，从上述处理站出水水质情况，NH$_3$-N 的达标还有较大的余量，这表明所采用的 A-O 系统和多级好氧技术比较有效。

2. 运行方面的问题

具有共性的是石灰中和带来的问题：

1）石灰中和带来高盐分干扰生化反应

皂素生产酸水解过程排放高浓度有机废水，因废水含高酸量大，酸性极强（pH<1），必须经中和预处理，高浓度有机污染物的生物降解才能进行；因水解废水的高酸性，尤其是传统工艺用酸量多，从成本考虑目前企业普遍用石灰为中和药剂。中和后给废水带来很高的盐分，影响后续的生化处理：①用传统的盐酸法水解工艺，中和后废水有大量盐分，Cl 离子实测高达 1×10^4 mg/L 以上，后续生物处理会受严重抑制，为此有关规定取消盐酸水解而改用硫酸。②改用硫酸法，投加石灰后因常温下硫酸钙沉淀较难溶（$K_{sp}=3.16 \times 10^{-7}$），一部分 SO$_4^{2-}$（CaSO$_4$）得以沉淀下来，但废水中仍有大量残留 SO$_4^{2-}$（数千 mg/L）。硫酸盐对厌氧生物过程特别是甲烷菌影响大，产甲烷菌会受到硫酸盐还原菌（SRB）的基质竞争，并产生有毒性的 H$_2$S，导致生物活性降低，处理系统恶化甚至破坏。因此要增加脱硫工艺，例如北大和百科皂素公司采用的脱硫技术等等，需增加设备，运行技术要求较高。

2）石灰中和带来系统结垢问题

石灰中和使后续的生化处理系统产生结垢严重的问题。无论是硫酸法、盐酸法水解工艺，均存在这方面问题：硫酸法结垢 CaSO$_4$ 为主，盐酸法则为 CaCO$_3$；水解投的酸多（如传统工艺），废水酸度就越高，投加石灰就越多，结垢的问题就越严重。运行实践表明，半年至一年后结垢问题就出现了，部分设备如好氧接触氧化的填料，因严重结垢（图 4-15），生物膜生长受阻，软性填料系统甚至瘫痪（因悬挂过重断裂）。为减少结垢影响，有的企业（上述竹溪某黄姜皂素公司）已采用活性污泥法取代接触氧化。

图 4-15 石灰中和酸性废水造成的结垢问题
——废水处理单元中软性填料前后对照

系统结垢，处理能力下降。运行实践表明厌氧系统也有结垢问题，对厌氧反应器（如UASB）效果影响很多，主要影响为：①减小出水碱度，影响厌氧反应器运行稳定性；

②降低污泥活性①。

克服石灰中和（强酸）的系统结垢，同时对付高浓度的有机废水，目前知道的有效办法并不多，虽有提出废水脱酸，如有用膜技术脱酸处理黄姜废水的研究试验②，但从废水源头解决，研究少用酸或不用酸（如用微生物、酶技术），改革传统的酸水解工艺可能更为理想。

（吕建波，兰华春 编写，沈晓鲤，刘会娟 审订）

---

① 赵志勇．黄姜皂素行业废水处理厌氧段最佳工艺试验研究［D］．武汉：华中理工大学，2012。
② 孙长顺，徐军礼，张振文等．三室电渗析回收黄姜皂素水解废液中硫酸的研究［J］．给水排水，2012（07）。

第 5 章　黄姜皂素清洁生产工艺及水平评估

5.1　黄姜皂素行业推行清洁生产的概况

我国以黄姜为原料的皂素生产始于 20 世纪 50 年代后期。国际上,皂素生产当时主要在薯蓣、剑麻等植物原料产地的墨西哥、印度等发展中国家,西方发达国家药业大公司则以收购皂素为原料,生产高附加值甾体激素药品为主。黄姜皂素生产工艺,主要靠国内自己摸索,以后形成了"预发酵—酸水解"的传统生产工艺,重点是放在提高皂素得(收)率,但是排放大量高浓度酸性有机废水的污染问题突出,废水处理难度很大。因此设法从皂素生产过程减少污染排放,例如将废液(头道液)中和—发酵制酒精的方法使污染排放减少,黄姜淀粉得到利用,虽有酒精生产成本高的局限性,但源头减排和资源综合利用的途径为以后开展清洁生产提供了借鉴。

5.1.1　清洁生产工艺技术的科研攻关

从生产源头减少污染负荷(废水浓度、水量)是黄姜皂素行业推行清洁生产的重点,黄姜水解物提取过程如何实现水污染物的减排是关键。科研攻关核心思路是减少黄姜酸水解的物料及用酸量(酸耗),使水解物"洗中性"过程的污染负荷下降,取得污染减排效果。科研攻关基本形成三条技术路线:

(1) 分离法,在酸水解前将原料姜成分中占大比重的淀粉、纤维物质预先分离(或单分离淀粉)。

(2) 萃取法,即用化学溶剂直接从原料姜提取皂苷,再用酸水解提取皂素。

(3) 应用微生物和酶技术,筛选能高效转化薯蓣皂苷生成薯蓣皂苷元的菌株等的实验研究,目标是以微生物法取代酸水解,路线是以特定微生物发酵部分代替酸水解,减少酸用量。[1] 另一途径是研究生物复合酶法对薯蓣皂素进行提取研究,使黄姜淀粉和纤维素得到充分降解,促进葡萄糖与皂素的分离,从而有利于黄姜皂素的提取。试验结果表明:黄姜皂素收率提高,酸用量、排污量都有显著减少[2]。目前看,生物工程技术的应用总体上处于试验阶段,要达到工业应用水平尚待时日。

达到生产规模应用水平的是"分离法"和"萃取法",这两种工艺技术已应用到工业化生产,均取得显著的污染减排效果。

---

① 喻东,沈竟,高培等. 微生物发酵转化黄姜生成薯蓣皂苷元的工艺研究 [J]. 四川大学学报:自然科学版,2009,46 (6):1781-1792.

② 徐升运,赵文娟,陈卫锋. 应用生物酶法提取黄姜皂素的清洁工艺研究 [J]. 环境科学与研究,2011,34 (2):162-164.

5.1.2 提高得率的技术进步

清洁生产工艺减轻污染负荷，并降低了物耗和废水处理的成本，但新工艺与老工艺比较，因工艺升级改造与新型设备的投入及相应电耗增加，生产成本会有不同程度的提高。企业为污染减排，推行清洁生产工艺，必须要有经济效益的保证，其主要途径是一方面（在分离或萃取）严格控制皂甙的损失，另一方面要改进提取工艺提高皂素的得率。在提高得率方面，目前科研攻关企业在应用生物（酶）法的发酵工艺、物理方法（超声、微波等）等处理技术取得了进展。

5.1.3 开拓资源回收利用

黄姜资源综合利用是清洁生产工艺的重要部分，对黄姜淀粉、纤维等物质分离并开发利用途径，形成循环经济模式。目前较成熟的有黄姜淀粉的利用，已达到工业生产水平的有采用酶技术的黄姜淀粉液化—糖化制酒精，用分离干燥的淀粉做箱板纸生产的粘胶；用含纤维废渣制高密度板，用醇萃取法提取皂素的废渣（含大量淀粉与纤维）经发酵加工后制 BFA-有机肥，有效活菌数达到国家现行生物有机肥的标准（NY 884—2004）。还有研究从黄姜中提取鼠李糖、色素等高附加值副产品技术专利。[①]

5.1.4 清洁生产技术攻关

较早开展攻关与应用清洁生产技术的是湖北省鄂西北一些黄姜皂素企业。在陕西省，陕南商洛市的一家生产黄姜皂素的化工厂率先开展皂素提取清洁生产，得到各级政府和有关科研院所的支持。该厂攻关"分离法"工艺，并已投资建成（年产）百吨皂素生产规模的生产线与废水处理系统。

在鄂西北十堰市，政府从 2007 年起对黄姜加工、皂素生产实施全面关停，涉及 69 家企业（均为传统生产工艺）。与此同时，十堰市政府支持黄姜皂素清洁生产，特批有条件的少数（七家）厂开展清洁生产和污染治理科研攻关[②]，其中有 3 家企业与科研单位合作取得了源头治理、污染减排的实际成效，新工艺技术路线包括分离法和溶剂萃取法。清洁生产攻关得到了国家和省（地）有关部门的支持，曾分别列入了国家"十一五"科技支撑计划重大项目：《丹江口水源区黄姜加工新工艺关键技术研究》。

5.1.5 典型工艺

经过近十多年的努力，一些清洁生产工艺已逐步成熟，将这些工艺分为物理分离、糖液分离和溶剂萃取三类。其中物理分离与糖液分离按技术路线均属于分离法范畴，前者将淀粉、纤维用物理（机械）方式分离，后者则是通过生物酶把黄姜淀粉转化为糖的分离方式。"溶剂萃取"工艺是将黄姜粉碎后用醇（乙醇或甲醇）直接提取黄姜中的皂苷，得到皂苷浓缩液，再进行酸水解。分离法与萃取法的突出优点在于能大幅减少参与酸水解的物料量，从而减少污染物的产生。

---

① 于华忠．一种黄姜提取皂素和鼠李糖的方法：中国，CN103755776A ［P］。
② 十堰市人民政府办公室文件（十政函［2007］21 号），2007 年 8 月 27 日。

5.2 黄姜皂素清洁生产工艺与水平测试

黄姜皂素清洁生产工艺水平测试开展于 2010～2012 年期间，该项测试属于环保部"环保公益性行业科研专项（2009 年度）"《黄姜皂素行业污染防治技术评估研究》课题的一部分基础性工作。

生产线现场测试工作重点在黄姜加工、酸水解提取水解物的全工艺过程：

黄姜清洗破碎→各类型"分离"工艺（含预发酵）→提取水解物的生产过程→污染产生及排放过程。

测试的指标包括物料投入/产出、污染负荷、能耗等。在生产线现场的测试取得大量数据的基础上，科研人员编制和绘制各典型工艺的物料及能耗与水平衡图表。以下分别介绍上述黄姜皂素三类清洁生产典型工艺及相关企业的工艺测试情况，并给出各类工艺生产过程的物料能耗消耗、水平衡图表与污染负荷减排效果的数据。评估工作重点关注水污染物产生量及减排效果，为此又选择传统老工艺生产的典型企业进行现场测试，照皂素生产传统（老）工艺的相应指标对比分析。

有关的测试分析方法，见本书附录 A。

5.2.1 物理分离法工艺

将黄姜中所占很大成分的纤维和淀粉在酸水解工艺前分离出来，酸水解物料及水污染物有大幅度的减少。分离方法是通过物理（机械）过程，因而称为物理分离法，或称直接分离法。

（1）分离法原理。黄姜根茎基本组织是薄壁细胞及散生维管束组成，用扫描电镜观察新鲜黄姜根茎肉质部分切片的结构，见黄姜细胞扁平状，外侧薄壁细胞（图 5-1）。

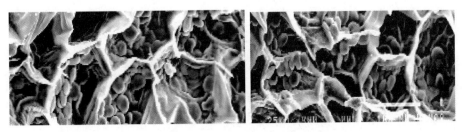

图 5-1　黄姜切片 SEM 图片（细胞内椭圆形物为淀粉）

黄姜根茎内部薄壁细胞的直径主要在 $100\mu m$ 左右，胞内含有淀粉和甾体皂苷。要将甾体皂苷与淀粉和纤维素使用机械分离，必须使细胞破壁，研究认为需将黄姜粉碎至 $100\mu m$（140 目）以下，才能使三者分离开来。甾体皂苷与黄姜淀粉共存于黄姜的薄壁细胞的细胞质中，黄姜淀粉内不含甾体皂苷，通过水洗、沉淀的方式，可以去除表面的甾体皂苷，将淀粉分离开来。

黄姜纤维中含有甾体皂苷，但之间没有生物（化学）键连接。通过实验，将黄姜粉碎（粗纤维中不可避免地残留皂苷），过 20 目筛（孔径 $850\mu m$）；再用水反复磨洗过滤，然后用 40～200 目筛进行筛分，以减少纤维中的皂苷残留量，确保整个工艺的皂素收率。

（2）技术攻关重点。这项技术的技术攻关重点是解决从黄姜分离出淀粉、纤维，以及皂甙浆料的浓缩（脱水）等难点。企业经过多年对分离工艺和设备的技术攻关，集中解决了（淀粉和纤维）分离工艺难点，并自行研发和改进分离设备，淀粉、纤维分离彻底、皂甙夹带量少，克服了传统工艺黄姜全部物料酸水解带来的弊病。

以下结合鄂西北十堰市与陕南商洛市的两家皂素企业的应用实例，对物理分离法的工艺流程与工艺设备予以系统介绍。

1. 物理分离法的主要工艺

1) 十堰市某企业的工艺

物理分离法主要工艺流程如图 5-2 所示。

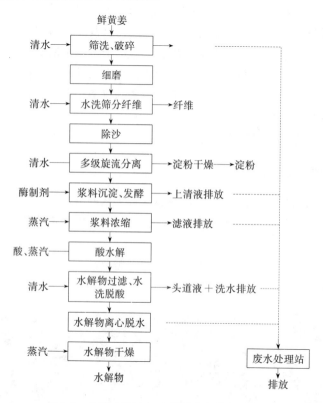

图 5-2　物理分离法加工黄姜水解物工艺流程

（1）淀粉与纤维的分离，技术关键在于淀粉及纤维与皂甙分离的有效程度，还要注意纤维与淀粉夹带的皂甙量，这关系到皂素得率。甾体皂甙与淀粉共存于薄壁细胞的细胞质中，黄姜破碎后用机械盘磨磨细物料（颗粒细度在 80～100 目范围），能使黄姜细胞破壁，淀粉颗粒游离出来、纤维束被搓开，工艺过程简述如下：

a. 纤维分离：纤维和淀粉形成混合物需先将纤维分离出来，而且纤维夹带皂甙要尽量少，难度很大。纤维相对粒度大，采用加水洗的筛选工艺，该公司自行研制纤维分离筛（称"汉江筛"，图 5-3），将喷淋、动态过滤融为一体，筛分过程中，水与小粒度物质从筛孔漏下，纤维留在筛面，不断受到喷淋水冲洗，有效分离出纤维。因大量水洗，分离纤维干净而且纤维皂甙夹带量较少（约 0.3%）。研究组取分离纤维样，作了皂甙元夹带量的分析化验[①]，生产线上实测结果同时说明皂素收率较高，也说明纤维分离的夹带量在合理范围。

b. 淀粉分离：纤维分离从物料分离后形成混合液，淀粉在其中呈粒状，比重大，可利用离心分离淀粉，一般采用多级旋流（离心）分离（该公司采用 7 级），淀粉分离彻底（图 5-4）；分离时要加入清水，用除沙器除沙，可得到纯净的淀粉，淀粉中未测出皂素[②]。

图 5-3　汉江筛——分离纤维　　　　图 5-4　多级旋流分离机——分离淀粉

（2）纤维、淀粉分离后的物料，经上述工艺后皂甙浆（含不溶性皂甙）有大量水分（99%），其浓缩、脱水也是物理分离法工艺成功的一个关键。十堰某公司采用特殊的沉淀技术可实现皂甙浆料沉淀下来，撇出水分后得到浆料浓缩液（皂甙浆可浓缩到 20%），可减少后续的水解用酸量。

（3）黄姜皂素传统工艺都有预发酵过程，一般是自然发酵。为提高效率该公司与丹麦诺维信（Novozymes）公司合作研究配制一种外源酶投入浆料发酵，发酵时间短（24h），并使皂素得率提高，弥补分离纤维的皂甙夹带损失。

2）陕南商洛某企业的工艺

陕西省的黄姜皂素清洁生产以陕南商洛某化工企业的工艺为示范，该工艺以物理分离法为基础，通过黄姜淀粉的分离、皂素浆料浓缩和废酸循环使用，以及高效节水洗涤工艺包括黄姜洗涤水循环使用（节约洗姜用水 70%）、水解物洗涤用多台板框压滤机置换式逆流洗涤等一系列清洁生产关键技术研究和示范。该公司在环保科研单位支持下大力攻关黄姜物理分离技术，技术攻关初期在分离黄姜淀粉、纤维后得到的皂甙浆，采用蒸发工艺浓缩（脱水），因能耗太高进而转向用板框压滤机对浆料进行浓缩。目前形成的示范工艺特点是纤维与淀粉分离及两次酸水解：①第一次酸水解将已分离出的纤维（硫酸）水解生成木质素；②将已分离出淀粉的皂甙浆料（含大量水）经发酵后加入木质素经板框压滤将浆料浓缩（木质素起助滤剂作用），然后进行第二次酸水解。因浆料压滤浓缩脱水的效果酸解用酸量少，而且在此工艺过程中水解后的黑液（又称"黑酸"）得到重复使用，可节约部分硫酸。

淀粉是该分离工艺的副产品，得到了利用；工艺过程分离了纤维，但是纤维经一次水解生成为木质素，木质素与浓缩皂甙浆都进入第二次水解；从物料平衡分析，黄姜中的纤维实际均参与了酸水解，因此污染减排效果不如（淀粉、纤维）全分离工艺。该工艺流程详见图 5-5。

---

① ASE-HPLC 法测定黄姜中薯蓣皂甙元含量（中科院生态环境研究中心"环境水质学国家重点实验室"测定）。

② 十堰市十质检字（2008W）第 H498 号。

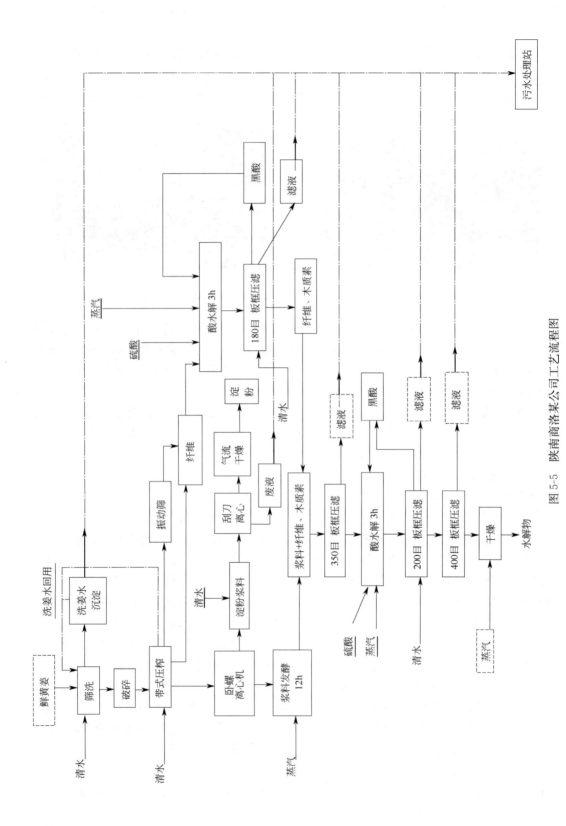

图 5-5 陕南商洛某公司工艺流程图

54

2. 物料与能耗指标测试与水平衡分析

1）物料投入与能耗

从生产线始端开始测定物料投入与能耗指标（包括原材料、辅料、能耗及燃料与清水消耗等指标）是现场测试工作要点。根据现场两批次投料测试（从投料到水解物生产流程）所得的数据，折算成吨产品（皂素）为单位的物料、能耗指标，作为评估工艺的清洁生产工艺水平基础。

物理分离法的物耗、能耗的测试以上述的十堰市某公司的工艺为例，测试时间为2011年4～5月份，数据汇总见表5-1。

物理分离法生产工艺主要物料与能耗指标　　　　　　　　　　表5-1

一级指标	二级指标	单位	数值
资源能源消耗	鲜黄姜	t/t 皂素	130
	电耗*	kW·h/t 皂素	7900*
	煤（蒸汽）	t/t 皂素	15.96
	清水**	m³/t 皂素	540
	酸耗（硫酸）*	t/t 皂素	1.19

*　实际用盐酸，此处折算成硫酸用量。

**　筛洗和旋流分离淀粉工艺的耗水量。

2）水平衡

物理分离法的用水环节多，水平衡分析需测定包括洗姜、分离物料（纤维、淀粉）与水解物清洗等工序的供排水量，鲜黄姜本身水分未计算在内。废水排放节点有：污染重的原液及水解物清洗水，污染物含量较低的洗姜水，此外，物料分离得到的皂甙浆料含水多，浆料经浓缩后撤除多余水量要计入排水量。

现场测试在洗姜、水解物清洗等环节均安装了水表计量；不易直接计量的按物料（如鲜黄姜）含水率等参数的测量分析计算得到。依据测试数据分析该公司各生产工序的水"投入和产出"，并编制水量平衡计算表（略）。

根据水量平衡计算表，折算成吨皂素为单位的水量平衡图，如图5-6所示。

3. 物理分离法的污染减排效果分析

在线生产测试所得的物料、能源消耗指标，再经水平衡分析，得到物理分离法排放的水污染负荷。水污染的指标用 COD 和 NH_3-N 产生量（负荷）及废水排放量表示（均折合成吨皂素量）；与传统工艺作对比说明物理分离法水污染削减率，见表5-2。表中列出了酸用量（酸耗）的削减，它反映分离法工艺的污染减排效果由酸解物料减少所致。

物理分离法的水污染物减排明显；用水和排水量与传统工艺比也有所下降，但分离淀粉和纤维都需清水为介质故削减较为有限。另一方面，因污染负荷总体下降，废水的污染物浓度降低，从而减轻了末端废水处理的压力。

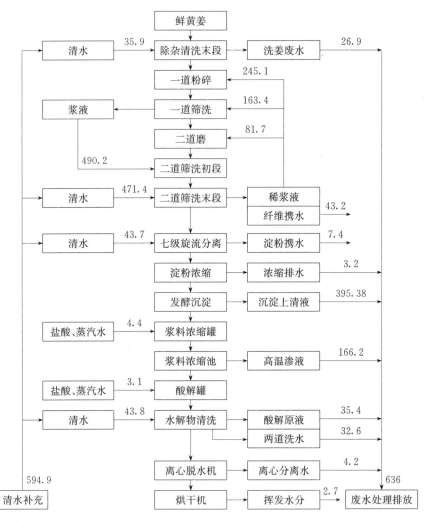

图 5-6 物理分离法工艺水平衡图（单位：m³/t 皂素）

物理分离法生产工艺与传统工艺主要污染物产生指标对比 表 5-2

指标*	单位	传统工艺	物理分离法	指标削减率（%）	附注
废水进排放量（水解原液、洗涤水，不包括洗姜废水）	m³/t 皂素	1140	610	46	物理分离法排水量 610m³/t 皂素包括：酸解原液＋洗涤水（68m³/t 皂素）及浆料处理的过程低浓度排水（561m³/t 皂素）
COD	t/t 皂素	60	12.3	79	未分离纤维（仅分离淀粉）的工艺 COD 减排率为 43%
NH₃-N	t/t 皂素	0.76	0.14	80	
酸耗（盐酸）	t/t 皂素	17	2.4	85	

* 表中的污染物产生指标值均指末端废水处理前的情况。

5.2.2 糖液分离法工艺

糖液分离是另一种分离黄姜淀粉的工艺，由十堰市竹溪县某皂素公司在武汉高校科研

56

团队支持下于 2005 年前后开始研发的。不同于上述的物理分离法，黄姜中的淀粉先通过转化成糖液而分离。糖液分离法经过了两个阶段的发展：第一阶段是 SMRH 工艺（糖化—膜分离回用—酸水解），分离淀粉；第二阶段的研发作进一步改进，称为 SMERH 工艺（糖化—膜分离—萃取—回用—酸水解），纤维也实现分离。SMERH 工艺是近年（2013 年）才试验成功投入生产的，有关工程通过了湖北省的（阶段性）竣工环保验收，即将形成年产 300t 皂素规模。

1. SMRH 工艺

黄姜中的淀粉先通过转化成糖液而分离，主要工艺步骤如下（图 5-7）：

（1）将黄姜破碎后装入同一反应罐内：先进行发酵（时间约 72h，温度 50～60℃），再升温加液化酶进行淀粉的"液化"，然后降温加入糖化酶"糖化"，淀粉转化率可达 98%；

（2）再用"振动筛—螺旋压榨机"将糖化后的物料进行固液分离：固相为纤维渣料，液相为淀粉糖溶液；

（3）用膜分离技术将淀粉糖液中的皂苷类物质与糖液进行分离，糖液制酒精；

（4）富含皂甙的膜（分离）浓缩液和纤维渣料（含有皂甙）一起用酸水解得到水解物，进一步提取皂素。

在 SMRH 工艺流程中，"液化—糖化"是关键环节。要将黄姜中的淀粉转化成糖：加液化酶将黄姜料浆中大分子淀粉逐级分解成小分子的糊精、多糖或单糖，再利用糖化酶的选择性作用将小分子的多糖分解成各种单糖或小分子糖。液化—糖化后的物料称为

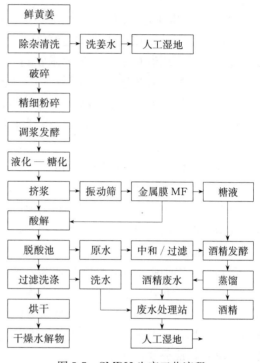

图 5-7　SMRH 生产工艺流程

"糖化醪"，糖化醪由糖液、纤维类物质和皂苷类物质组成。

糖化醪的分离也是本工艺的关键，包括两个步骤：

（1）预分离：将糖化醪进行初步的固液分离，其分离方式采用振动筛和螺旋压榨的方式。预分离得到滤液和纤维渣料，滤液进入膜分离工序。

（2）膜分离：分离滤液中固体物质（皂甙和细颗粒纤维类物质）。经微滤膜（MF）分离后，得到"酶解糖液"和富含皂甙的"膜浓缩液"。用酶解糖液去制酒精，而膜浓缩液进一步水解提皂素。该公司在选用合适的（包括材料、孔径）MF 膜（图 5-8）及解决过滤黏滞糖液的通量衰减难点方面，做了大量研究试验。

从上述工艺流程可见 SMRH 工艺将淀粉糖化后分离出来，但纤维未分离仍参与水解，故污染减排效果有限。

2. SMERH 工艺

在 SMRH 工艺基础上，科研团队引入了溶剂萃取技术提取纤维渣内的皂甙，并配套

先进设备形成 SMERH 工艺（2013 年通过湖北省科技鉴定）。SMERH 用乙醇为溶剂萃取并以超声辅助提高皂素收率，与 SMRH 的区别是含皂甙的纤维渣经乙醇萃取后不进入酸水解，因此也实现了纤维分离，酸耗（水解用酸量）及脱酸洗水的用量都显著减少，污染物产生量、排放量在 SMRH 的基础上进一步削减，减排效果提高。

图 5-8　糖液—皂甙分离 MF 膜组件

1）溶剂萃取工艺特点

乙醇萃取工艺采用较先进的连续逆流提取设备。对纤维渣料萃取过程要求物料的萃取剂乙醇溶液浓度范围在 70%～80% 之间，因此首先需将纤维渣料烘干至一定程度，以减少溶剂用量；黄姜重量（kg）与乙醇体积（L）的比例为 1∶1 的比例。在常温常压下，进行连续逆流超声萃取 40min，得到纤维渣萃余物和萃取液，溶剂回收系统进行溶剂回收。得到的萃取液经渣液分离器分离后输送到浓缩罐，浓缩至原体积的 25%，得到富含皂苷的萃取浓缩液，同时回收乙醇。

2）超声辅助提取的原理

在萃取过程中引入超声作用，利用超声波的机械效应、空化效应和热效应，可以大幅度地缩短萃取时间，提高生产效率。超声波是频率大于 20kHz 以上的声波，超声波提取技术是利用超声波特殊的强纵向振动，高速冲击破碎，空化效应，搅拌及加热等物理性能，破坏提取物细胞结构，使溶媒能渗入细胞内部，从而加速有效成分的溶解，提高有效成分的提出率。此外，超声波还可以产生许多次级效应，如乳化、扩散、击碎、化学效应等，这些作用也促进了植物体中有效成分的溶解，促使药物有效成分进入介质，并与介质充分混合，加快了提取过程的进行，并提高了药物有效成分的提取率。

3）连续逆流提取设备

连续逆流提取机为萃取过程的核心设备。配置辅助超声的连续逆流提取设备称连续逆流超声提取机（图 5-9），处理能力为 300kg（干物质）/h，溶剂回收率 98%。

4）酸水解

在 SMERH 工艺过程中，酸水解的物料为富含皂苷的膜浓缩液和萃取浓缩液的混合液（呈悬浊状，成分由皂苷与少量糖和细颗粒纤维素组成。参与酸水

图 5-9　连续逆流超声提取机

解的物料为萃取浓缩液和膜浓缩液，其物料量比例约为 1∶5，均为悬浊液。纤维废渣分离出去后物料量较 SMRH 工艺有显著减少，因此水解用酸量少多了。经酸水解后的物料称为"水解醪"。

5）过滤脱酸

水解醪含固体物质（酸水解后残留的木质素等），皂素附着于固体物，水解醪液体部分含糖类物质（焦糖等）、色素、碳化物及酸液（原液）。过滤脱酸组合工艺包括多次加水洗涤、板框压滤脱酸，得脱酸固体即水解物，原液（即头道液）和洗涤水解物产生的废水混合排入废水处理站。SMERH工艺的应用污染减排效果好，排放废水的污染物负荷仅为传统老工艺的10％左右。

脱酸后的水解物烘干（含水率<5％）后可作商品出售，或进入汽油提取工序。

3. SMERH工艺的物料平衡和水平衡

1）物料平衡

SMERH生产线测试着重于物料指标的测定，绘制物料平衡图（图5-10）。SMERH工艺每生产1t皂素需要消耗150t（毛重）鲜黄姜、3t硫酸。除去部分土和杂质重量清洗后，实际重量平均在140t左右。为物料平衡计算方便，取140t作为核算基数。

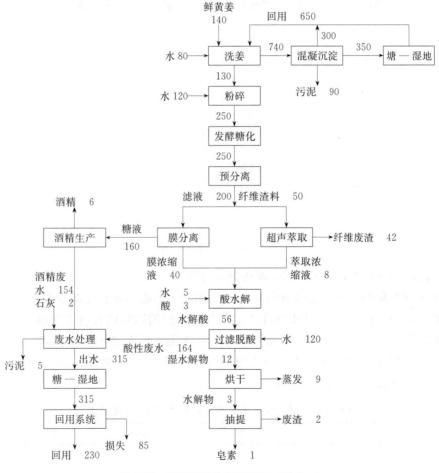

图5-10　SMERH物料平衡图（单位：t）

2）水平衡

从工艺流程及物料平衡情况分析，主要用水的生产工段包括：洗姜、粉碎、酸水解和水洗过滤脱酸等，根据各生产工段用水和排水情况，每生产1t皂素消耗的用水总量为

975m³，洗姜水经混凝沉淀后部分回用（约 300m³）。绘制水平衡图如图 5-11 所示。

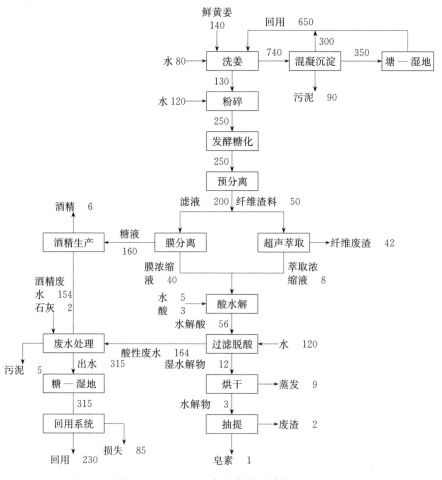

图 5-11　SMERH 水平衡图（单位：m³）

4. 糖液分离法（SMERH）污染减排效果分析

酸水解物料量的减少，使得 SMERH 工艺的酸水解酸用量相应减少 80%。与传统生产工艺相比，每生产 1t 皂素 SMERH 工艺参与酸水解的物料较传统工艺减少了约 80%；SMERH 工艺末端废水产生量有了大幅度的缩减，末端废水浓度下降（综合废水 COD 浓度 17000mg/L），吨皂素产生的 COD 量（未包括酒精生产）因此减少到 5.4t，削减约 85%。

污染物的减排效果归纳于表 5-3。

SMERH 工艺与传统工艺的吨皂素污染物产生量对比　　　　　　表 5-3

指标*	单位	传统工艺	SMERH 工艺	有关指标削减率（%）
废水 （原液＋洗涤水）	m³/t 皂素	1140	318**	72
COD	t/t 皂素	60	5.4	91
硫酸	t/t 皂素	8.6	3	65

＊表中的污染物指标值均指末端废水处理前的情况。

＊＊废水量包括酒精生产废水。

5.2.3 微波破壁—甲醇提取法工艺

溶剂提（萃）取黄姜皂素方法较早就有研究，"十一五"期间北京大学和湖北郧西某皂素公司的合作科研项目（称"催化—溶剂法"），列入了国家科技支撑计划重大项目"丹江口水源区黄姜加工新工艺关键技术研究"，实现了黄姜皂甙与纤维、淀粉直接分离，但项目验收后未能继续上规模化生产。之后，湖北省黄石市某药业公司在皂素试生产中采用溶剂萃取工艺，经多年试验取得成功。该工艺用甲醇作溶剂，直接从黄姜提取皂甙；微波技术的应用是对黄姜的细胞起到"破壁"作用，以提高皂素得率。该公司于2012年初建成一条生产线（50t/年皂素）投入试生产，清洁生产工艺水平的测试在同年5月开展。以下分述溶剂提取法的典型工艺流程与工艺设备、物料、水平衡等情况。

1. 主要工艺流程及设备

从黄姜加工至皂甙萃取、水解物提取的生产工艺流程如图5-12所示。

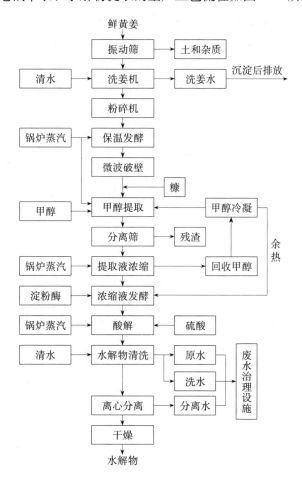

图 5-12　微波破壁—甲醇提取工艺流程图

主要工艺流程简述如下：

（1）黄姜经过筛土、二次机械破碎后预发酵2d，再进入微波设备（图5-13）进行细胞破壁；

61

（2）微波处理后的黄姜物料投入皂甙提取罐（图 5-14），进行皂甙的（甲醇）萃取；

图 5-13　微波破壁设备　　　　　　　　　　图 5-14　甲醇萃取罐

（3）甲醇提取皂甙后物料经分离筛进行分离，得含甲醇和皂甙的混合浆料再进入浓缩罐中（通蒸汽加热）浓缩，甲醇挥发经冷凝回收，排放渣料（开发利用为副产品）；

（4）分离浓缩后的醇提浆料加淀粉酶进行二次发酵；

（5）发酵后物料进入酸解罐（加硫酸）进行酸水解，生成含皂素的水解物经水洗、离心分离脱水、干燥得到（水解物）产品。

"微波破壁—甲醇提取"生产工艺使用多种新设备。但从现场测试情况看，部分工艺设备还存在缺陷，如企业自制的甲醇提取罐（未在连续和密封状态运行），以致醇萃取过程的甲醇损失多，回收率低。为此，该公司在建新生产线时拟采用市售的连续提取设备，提高溶剂回收率，减少渣料的溶剂残留量，降低溶剂的过程损失。

2. 物料与能耗指标测试与水平衡分析

1）物料投入与能耗测试

"微波破壁—甲醇提取"生产工艺物料体系的投入是鲜黄姜、甲醇和清水，产出物料的环节相对较少，除主产品水解物外有醇提后分离得到的残渣、酸解原水与洗水等，该工艺的能耗（电耗、蒸汽）指标也是测试的重点。

微波破壁—甲醇提取法的主要物耗及能耗测试数据见表 5-4。

微波破壁—甲醇提取法资源与能耗指标　　　　　　　　　　表 5-4

一级指标	二级指标	单位	微波破壁—甲醇提取法
资源能源消耗	鲜黄姜	t/t 皂素	114.40
	电耗*	kW·h/ t 皂素	24940.1
	煤（蒸汽）	t/t 皂素	100.55（502.73）
	清水**	m³/t 皂素	12.94
	酸耗（硫酸）	t/t 皂素	1.77
	其他	t/t 皂素	7.52（甲醇）

*　未包括水解物烘干的电耗。

**　不包括洗姜水用量。

2）水平衡

"微波破壁—甲醇提取"生产工艺整个体系中除了鲜黄姜本身携带水分进入，其他主要的用水环节包括洗姜、水解物清洗工序。体系中排水的环节包括：醇提分离得到的残渣携水、原水、水解物清洗水、离心分离水和发酵挥发水分等，洗姜水单排（未进污水处理站）。

根据现场两批投料测试的数据，计算每批次（产每吨皂素）的水的"投入"和"产出"，取均值得到水平衡表（表5-5）。

微波破壁—甲醇提取工艺水平衡表　　　　　　　　表5-5

序号	工序	投入（m³/t皂素）		产出（m³/t皂素）	
1	鲜姜	含水	87.39		
2	振动筛				
3	洗姜机	清水	815.45	洗姜水	815.45
4	粉碎机				
5	精细粉碎				
6	保温发酵			挥发水分	1.81
7	微波破壁				
8	甲醇提取				
9	分离筛			残渣含水	27.86
10	提取液浓缩				
11	浓缩液发酵			挥发水分	23.59
12	酸解	硫酸含水	0.04		
13	水解物清洗	清水	12.94	原水	34.77
				洗水	
14	离心分离			分离水	12.90
15	干燥				
16	水解物			携带水分	0.04
	合计	915.82		916.42	

根据水量平衡表，绘制水量平衡图（图5-15）。

3. 微波破壁—甲醇提取工艺污染减排效果分析

据在线生产测试的物料及能源消耗指标与水平衡分析，得到微波破壁—甲醇提取工艺的水污染产生主要指标数据（见表5-6），酸耗指标也列入其中。

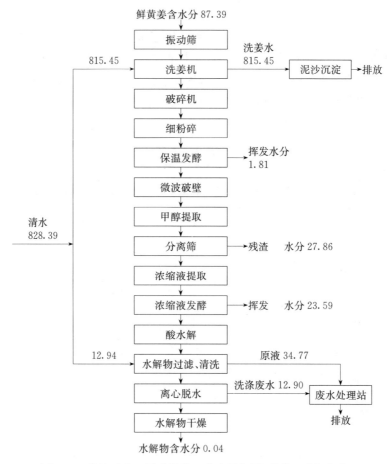

图 5-15 微波破壁—甲醇提取工艺水平衡图（单位：m³/t 皂素）

微波破壁—甲醇提取工艺与传统工艺主要污染物指标对比　　　　表 5-6

指标	单位	传统工艺	微波破壁—甲醇提取工艺	有关指标削减率（%）
废水 （原液＋洗涤水）	m³/t 皂素	1140	47.7	95
COD	t/t 皂素	60	5.13	91
NH₃-N	t/t 皂素	0.76	0.2	74
酸耗 （硫酸）	t/t 皂素	8.6	1.77	70

注：表中的污染物指标值均指废水末端处理前的情况。

由表 5-6 数据可见，溶剂直接提取黄姜皂甙废水量都较上述两种分离法工艺要少，这是因为该工艺本身用水量少，而且水解物经 4 次水洗，采用逆流清洗方式以节约用水，排水量进一步削减。

5.3 清洁生产工艺水平评估

清洁生产工艺水平评估，除环境保护因素外，还要综合考虑经济、技术等因素。对黄姜皂素加工业形成的清洁生产工艺进行评估,可以促进这些工艺技术进一步改进、成熟,有利于在全行业开展清洁生产,从源头治理污染。

5.3.1 评估指标体系的建立

根据清洁生产的原则,本评估考虑指标的可度量性将评估指标体系分为定量评估和定性评估两部分。

(1)定量评估指标:选取黄姜皂素行业有代表性的能集中体现从源头减污、降耗和增效等实现清洁生产目标的指标,建立评估体系模式。通过对各项指标的实际达到值、评估基准值和指标的权重值进行计算和评分,综合考评该项工艺在实施污染减排、降耗、技术/经济(产品得率、质量)等指标的水平。

(2)定性评估指标:用于定性评估清洁生产工艺水平,指标的选取主要根据国家有关产业发展和技术进步政策、环境保护政策规定,综合考虑黄姜皂素行业目前实际情况。

定量指标和定性指标分为一级指标和二级指标。一级指标为普遍性、概括性的指标,二级指标为反映黄姜皂素行业清洁生产各方面具有代表性的、内容具体、易于评价考核的指标。

根据上述指标设计的黄姜皂素清洁生产评估体系如图 5-16 所示。

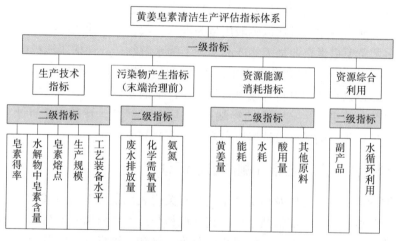

图 5-16 黄姜皂素清洁生产评估体系

以上指标体系中需说明两点:

(1)本评估体系注重废水末端治理之前的减排,针对产品生产过程中的污染控制,即源头治理,故未包含相关企业的污染末端治理及排放达标的考核指标;

(2)评估体系中以皂素为终端产品,但测试评估所在生产企业的终端产品均系水解物,故涉及单位产品的各清洁生产工艺水平指标,在本评估中是通过分析测定(绝干)水解物中的皂素含量折算出终产品(皂素)的重量。

5.3.2 评估指标有关专业术语的定义

生产线测试、评估涉及环保和黄姜皂素生产工艺的技术、经济性能定量指标,本评估所使用的有关参数定义如下:

（1）水解物皂素含量＝绝干皂素质量/干燥水解物质量；

（2）工艺收（得）率＝生产线实测某工艺生产所得（绝干水解物中）皂素质量/鲜黄姜质量；

（3）基准收率＝实验室按标准方法测定的鲜黄姜中皂素质量/鲜黄姜质量；

（4）实际收率比＝工艺收率/基准收率；

（5）单位皂素清水用量＝某批次投料生产清水用水量/该批次产绝干皂素质量；

（6）单位皂素用电量＝某批次投料生产用电量/该批次产绝干皂素质量；

（7）单位皂素用酸量（酸耗）＝某批次投料生产酸用量/该批次产绝干皂素质量；

（8）单位皂素 COD 产生量＝某批次产生废水体积×COD 浓度/该批次产绝干皂素质量；

（9）单位皂素 NH_3-N 产生量＝某批次废水体积×NH_3-N 浓度/该批次产绝干皂素质量。

说明：

（1）基准收率测定：①测试前取一定黄姜（净重）量（各批次随机采黄姜样，称黄姜毛重再扣除其中含土量）；②在化验室（按鄂、陕地方标准方法）测定鲜黄姜样品中的皂素含量。工艺收率测定：某一批次黄姜投料测试生产过程实际所得皂素重量（按绝干水解物含皂素百分比计算）与该批次投入的黄姜量（净重）之比。

（2）所有的酸水解用酸量均以硫酸用量为准（少数企业用盐酸需折算成硫酸）。

（3）因多数黄姜皂素企业加工终产品实际上为水解物，故评估所涉指标，如单位产品（皂素）的物耗、能耗及污染负荷等水平的参数，是在测定水解物产品（在绝干状态）中的皂素含量后，再以水解物量折算成皂素质量作评估的基数。

（4）因多数黄姜皂素生产企业的终端产品是"水解物"，评估时未计水解物（汽油）提取皂素生产过程所需能耗（汽油提取皂素要耗蒸汽与电）。

5.3.3　典型清洁生产工艺指标测试结果汇总

以上各类清洁生产工艺以及传统老工艺在有关代表性企业现场测试取得的大量指标数据基础上，经归纳、整理，取清洁生产工艺（淀粉与纤维）分离效率高的三个典型生产工艺作水平评估，老工艺作为对照。定量指标分为一级和二级指标，汇总为表 5-7。

黄姜皂素生产工艺清洁生产水平（定量）指标汇总　　表 5-7

一级指标	二级指标	单位	物理分离法（十堰某公司）	微波破壁—甲醇提取法	糖液分离（SMERH 法）	传统工艺（对照值）
资源能源消耗	鲜黄姜	t/t 皂素	130	114	140	150
	电耗*	kW・h/t 皂素	7900	24940.1	10800	1100
	煤**	t/t 皂素	15.96	100.55	20	9
	清水	m^3/t 皂素	540	828	325	＞1100（未包括洗姜水）
	酸耗（硫酸）	t/t 皂素	1.4（实际用盐酸，折算成硫酸）	1.8	1.6	17.7（盐酸）或8.6（硫酸）
	其他	t/t 皂素		7.52（甲醇）	液化酶：0.15糖化酶：0.18	

66

一级指标	二级指标	单位	物理分离法（十堰某公司）	微波破壁—甲醇提取法	糖液分离（SMERH法）	传统工艺（对照值）
水污染排放	废水量（原液＋洗涤水）	m³/t皂素	68	48	164	1143
	COD	t/t皂素	12.3	5.1	5.4	60
	NH₃-N	t/t皂素	0.14	0.2	0.44	0.76
生产技术特征指标	皂素收率（实际收率比）		1.38	1.49	1.28	1.07
	（干）水解物皂素含量	%	43.26	54.89	30～35	11～12
	皂素质量	℃（皂素熔点＊＊＊）	195	199.0～200	193～195	＞195

＊不包括水解物烘干的消耗；

＊＊蒸汽与煤的折算按经验值5：1折算；

＊＊＊皂素熔点——皂素质量的指标，此处测定值是水解物产品在实验室用汽油提取后（按标准方法）得到的皂素进行质量的鉴定结果。

5.3.4 评估的定量与定性指标确定

1. 定量评估指标与基准值、权重值的确定

1）确定原则

在定量评估指标中设定评估"基准值"，以衡量该项指标是否符合清洁生产基本要求（评估基准）。确定评估基准值的依据是：凡国家或行业在有关政策、规划等文件中对该项指标已有明确要求的就执行国家要求的数值；国家或行业对该项指标尚无明确要求的，则选用国内已开展清洁生产且工艺成熟的黄姜皂素企业近年所实际达到的中上等以上水平的指标值。权重分值主要根据该项指标对黄姜皂素生产的实际效益和对清洁生产（水污染减排）水平及实施难易程度研究确定。

清洁生产新工艺水平评估，环境效益与经济效益应具有同等重要的地位，若有偏颇会影响新工艺的生命力。

各评估定量指标、评估基准值和权重值、权重分值见表5-8所列。

黄姜皂素清洁生产定量评价指标项目　　　　表5-8

一级指标	权重	二级指标	单位	权重分值	评价基准值
资源能源消耗	35	鲜黄姜	t/t皂素	12	130.0
		电耗	kW·h/t皂素	6	7000.0
		煤耗	t/t皂素	5	20.0
		清水	m³/t皂素	4	500.0
		酸耗（硫酸）	t/t皂素	8	1.5
污染物指标	35	废水量＊＊	m³/t皂素	15	50.0
		COD	t/t皂素	10	12.0
		NH₃-N	t/t皂素	10	0.3
生产技术特征指标	30	产品收率＊	%	10	128
		水解物中皂素含量	%	10	35
		皂素熔点	℃	10	195

＊产品收率指"实际收率比"；

＊＊废水量：水解原液＋洗涤水（未包括洗姜水及其他低污染排水）。

2）指标与权重值说明

在表 5-8 中一级指标"资源能源消耗"项，主原料（鲜）黄姜用量赋予了显著权重分值，其考虑的因素是：①黄姜原料占生产成本的大头（一般在 60%～70%），吨产品黄姜用量多少跟皂素提取技术水平有关，影响到产品收率高低；②黄姜用量不仅影响生产成本，从污染防治的角度分析，原料姜用得多，提取水解物要用更多的酸，产生的水污染量也必然多。此外，"酸耗"指标不仅衡量工艺的经济性能，也具有环保属性（前已有论述）。

黄姜用量另一个重要因素（虽未作为本工艺评估参数），是黄姜原料的质量（皂素含量）。黄姜"野转家"种植后农业科技没跟上，在产地质量退化（黄姜皂素含量下降）普遍存在（见本书第 2、3 章）。因此，在讨论黄姜皂素清洁生产时，有必要强调黄姜品种与种植问题关系到污染源头治理，是清洁生产一个重要环节。

2. 定性评估指标

在定性评估指标体系中，根据调研者现场考察和征求业内专家咨询意见给出了定性指标，确定指标分值（表 5-9）。

黄姜皂素清洁生产定性评价指标项目　　　　　　　　　　　　　表 5-9

一级指标	指标分值	二级指标	指标分值
资源综合利用	45	淀粉利用(含酒精制备)	15
		纤维利用	15
		洗姜水处理与部分回用	15
生产工艺及设备	35	采用工艺设备水平、自制设备性能	13
		工艺路线优化(产品生产周期等)	12
		生产连续、稳定性	10
生产规模	20	年产皂素 100t 及以上(含 100t)	20

考虑到具体企业在指标存在执行程度上的差异，制定了定性指标评判分值确定细则，详见表 5-10。

清洁生产工艺定性评价指标项目、分值说明　　　　　　　　　　表 5-10

一级指标	指标分值	二级指标	指标分值
资源综合利用	45	纤维利用	纤维得到资源化利用:15
		洗姜水处理与回用	有洗姜水处理设施并部分回用：15
		淀粉利用(包括制备酒精)	淀粉得到资源化,或者自行制备酒精:15
生产工艺及设备	35	采用工艺设备水平、自制设备性能	● 效率高:13 ● 一般(需改进):6
		工艺路线优化(产品生产周期等)	● 生产工艺路线较简捷、生产周期较短:12 ● 一般:6
		生产连续、稳定性	● 连续、稳定性较好:10 ● 一般(需改进):5
生产规模	20	年产皂素 100t 以上(含 100t)	达生产规模的:20 规模下(达 50t):10

3. 定量评估二级指标的单项评价指数计算

$$S_i = \frac{S_{xi}}{S_{oi}} \qquad (5-1)$$

计算公式(5-1)针对指标数值越高越符合清洁生产要求的指标，如生产技术指标；

$$S_i = \frac{S_{oi}}{S_{xi}} \qquad (5-2)$$

计算公式(5-2)针对指标数值越低越符合清洁生产要求的指标，如物耗、能耗及污染物等。

式中　S_i——第 i 项评估指标的单项评价指数；

　　　S_{xi}——第 i 项评估指标的实际值；

　　　S_{oi}——第 i 项评估指标的评价基准值。

定量评估考核总分值计算：

$$P_1 = \sum_{i=1}^{n} S_i \cdot K_i \qquad (5-3)$$

式中　P_1——定量评估考核总分值；

　　　n——参与定量评估考核的二级指标项目总数；

　　　S_i——第 i 项评估指标的单项评估指数；

　　　K_i——第 i 项评价指标的权重分值。

4. 定性评估指标的考核评分计算

定性评价指标的考核总分值的计算公式为：

$$P_2 = \sum_{i=1}^{n''} F_i$$

式中　P_2——定性评估二级指标考核总分值；

　　　F_i——定性评估指标体系中第 i 项二级指标的得分值；

　　　n''——参与考核的定性评估二级指标的项目总数。

5. 二级指标考核总分值计算

在对该行业中各工艺进行定量和定性评估评分的基础上，综合考核清洁生产工艺的总体水平，将这两类指标的考核得分按不同权重（以定量评估指标为主，以定性评估指标为辅）予以综合。

综合评价指数的计算公式为：

$$P = 0.6P_1 + 0.4P_2 \qquad (5-4)$$

式中　P——综合评估指数；

P_1、P_2——分别为定量评估指标中各二级指标考核总分值和定性评估指标中各二级指标考核总分值。

5.3.5 典型清洁生产工艺水平综合评估结果

1. 三种工艺的水平定量、定性及综合评估

根据现场测试数据（表5-7所示）和以上评估指标体系，分别计算定量、定性评估得分（表5-11和表5-12），并综合评估得分，见表5-13。

黄姜皂素清洁生产工艺定量指标评估表　　　表 5-11

一级指标	权重	二级指标	基准值	权重分值	物理分离法（十堰某公司）	微波—萃取法	糖液分离（SMERH 法）
资源能源消耗	35	鲜黄姜	130	12.00	12.92	14.69	12.00
		电耗	7000	6.00	6.08	1.68	3.89
		煤耗	20	5.00	6.27	0.99	5.00
		清水	500	4.00	3.70	2.50	6.00
		酸耗（硫酸）	1.5	8.00	8.02	6.60	7.74
合计 1					36.99	26.46	34.63
污染物指标	35	废水量	50	15.00	11.02	15.62	4.57
		COD	10	10.00	8.13	19.60	18.52
		NH_3-N	0.2	10.00	14.00	10.00	10.00
合计 2					33.15	45.22	33.09
生产技术特征指标	30	产品收率（实际收率比）	128	10.00	10.70	11.56	10.00
		水解物皂素含量	35	10.00	12.36	15.68	9.28
		皂素熔点 *	195	10.00	10.00	10.23	9.95
合计 3					33.06	37.47	29.23
定量总分					103.2	109.15	96.95

* 皂素熔点——反映皂素质量，此处熔点值是企业的水解物产品在实验室内用汽油提取后（提取按标准方法）所得的皂素进行熔点测定的结果。

清洁生产工艺定性指标评估表　　　表 5-12

一级指标	指标分值	二级指标	指标分值	物理分离法（十堰某公司）	微波—萃取法	糖液分离（SMERH 法）
资源综合利用	45.00	纤维利用	15	15	15	0
		洗姜水处理与回用	15	0	0	15
		淀粉利用（包括制备酒精）	15	15	15	15
生产工艺及设备要求	35.00	采用工艺设备水平、自制设备性能	13	15	6	15
		工艺路线优化（产品生产周期等）	12	12	6	6
		生产连续、稳定性	10	10	5	10
生产规模	20.00	年产皂素100t 以上	20	20	10	20
定性得分				87	57	81

三种清洁生产工艺水平综合得分　　　表 5-13

工艺名称	综合得分
物理分离法	96.72
糖液分离（SMERH 法）	90.00
微波破壁—萃取法	88.29

2. 评估结论

1) 综合评估结果分析

(1) 物理分离法：研发时间较早，应用时间较长，工艺和技术装备相对成熟（关键分离设备为自行研制）。物理分离工艺路线相对简捷，电耗、能耗增加相对有限；淀粉、纤维分离彻底，酸耗低污染减排量大；收率及皂甙元夹带量的测试结果表明物理分离技术经济可行，因此综合得分高。该法缺点：分离淀粉、纤维耗清水量相对较多，导致末端废水处理量加大，但废水浓度相对下降，易于处理。

(2) 糖液分离法：研发时间早，并以污染减排和资源循环利用为目标不断改进，SMERH 为代表的工艺，选型设备较先进，皂甙提取率提高，同样在减酸耗、减污染负荷方面取得成果。该法缺点：采取糖化技术分离淀粉工艺路线长，制酒精增加能耗而且产生额外酒精废水量。

(3) 微波破壁—萃取法：定量指标的评价表明电耗高（因采用微波技术）；企业研发自制的设备有缺陷，如甲醇提取罐在醇萃取运行过程中蒸汽能耗高，影响综合得分，此外因非连续性操作甲醇回收率较低（评分未计入）。但据知，目前研发企业已有计划采购连续萃取设备，在技改工程中采用。评估表明用化学萃取直接提取黄姜皂甙水解，工艺较简捷，污染负荷（废水量）削减显著，如在提高收率方面加以改革（用低能耗的技术取代高耗能微波），萃取法应用前景看好。

2) 几点意见

三种清洁生产工艺，在污染减排指标方面都为优，符合当前黄姜皂素行业解决水环境污染问题的迫切需要，是清洁生产工艺的主流。清洁生产工艺经多年的技术攻关，至今应用的时间不长，需要继续完善，在"节能增效"上下功夫，例如在黄姜资源回收利用、提高附加值等方面大有潜力可挖。

（向罗京 康瑾 编写，沈晓鲤 审订）

第6章 黄姜皂素行业绿色发展的政策建议

黄姜皂素产业不大，但污染重，环境影响大，特别是因产业集群处于环境十分敏感的南水北调中线水源区，污染治理问题提到了国家层面的高度，为此制定了行业的水污染排放标准。黄姜及皂素的主产区是国家扶贫攻坚重点地区，脱贫攻坚还关系到中线水源地的生态环境长治久安；根据产业扶贫政策，发展地区特色黄姜产业，整合黄姜皂素加工企业已纳入了有关国家规划（见本书第3章）。

近年来，靠严格制定环境法规、排放标准以及行政手段的环保倒逼机制，靠科技支撑，推动了黄姜皂素生产向清洁生产发展，取得了污染减排效果；另一方面，清洁生产工艺新技术、新装备的使用，助推着黄姜皂素落后生产方式的转变。但从多年来以环境为代价的发展模式、"低、散、小"落后产能转型升级，整个行业走上绿色发展的良性循环，还任重道远。为此提出以下几点政策建议。

1. 强化监管和环境执法

黄姜皂素传统生产设备简陋，但也有土法上马快、投资省、生产成本相对低的"优势"，一些小皂素、水解物厂在环境监管不到位、有地方保护干预的地方仍得以生存（在南水北调中线水源区之外的为多），落后产能至今并未全部淘汰出局，而且靠环境成本外部化（压价出售水解物、皂素）取得产品的市场地位，造成"劣币驱逐良币"的现象，阻碍了清洁生产工艺的发展。因此，必须强化环境督察、环保执法，加重企业环境违法成本。在当前中央提出最严格的环保制度，"环保机构省以下垂直管理"制度的贯彻，排除地方不当干扰，将有利于黄姜皂素行业健康发展。

2. 提高行业环境准入门槛

在有关产业政策方面，国家发改委制定的《产业结构调整指导目录》[①]由鼓励、限制和淘汰三类目录组成，在"限制类"和"淘汰类"中，针对皂素（含水解物）生产，从生产装置规模、酸解工艺加以限制。从实施情况看，参照其他重污染行业，还有必要确定黄姜皂素行业准入条件，将目前清洁生产工艺已能达到的"吨产品污染负荷"、"排水量"指标以及具行业特点的水解"用酸量"等指标作为准入依据，提高行业环境准入门槛；同时制定行业的清洁生产标准（陕西省已制定），量化生产工艺过程的清洁生产指标，对皂素企业实施强制性清洁生产审核。

3. 创新驱动，推动转型发展

黄姜产业科技集成度较高，行业现状转型需要创新驱动，从十多年前黄姜植物"野转家"的人工种植成功，到近年的加工（上述清洁生产）工艺的技术与水污染治理技术创新，正是通过产学研结合、多学科合作技术集成攻关的成果。国家的有关规划和当前（陕西省）地方"十三五"经济社会发展规划编制，黄姜皂素业列入了生物（医药）产业发展

---

① 《产业结构调整指导目录（2011年本）》（国家发展和改革委员会令第21号）。

规划，推进黄姜皂素清洁生产工艺及综合利用生产技术研究，开发新产品和联产品，延伸产业链，提高皂素附加值。黄姜产业集中的湖北省，在2015年成立了"湖北省黄姜产业技术创新联盟"，在科技部门的支持下，聚集了黄姜皂素企业与省内外高校、科研院所在生物、化工、环保方面的力量，建立黄姜加工与深度开发等环节技术创新，开展行业可持续发展的产学研深度合作的平台。

体制创新，对于黄姜行业的综合治理同样重要。黄姜资源可持续开发、黄姜种植，关系到几十万姜农的利益及产区的扶贫政策，关系到皂素生产的环境效益和经济效益；黄姜与皂素市场的治理，关系到整个甾体激素医药产业链，需要规范市场，需要制度创新。在这方面，陕西商洛有实力的皂素企业计划按照"企业＋基地＋农户"的方式，与上万农户签订"黄姜订单"，企业按照"订单"保护价收购，以减轻皂素价格大起大落乱象（如2003年前后）的伤姜农现象，这种方式值得期待。

附录　黄姜皂素生产工艺参数的测定及分析方法

1　物料皂甙元（皂素）含量的测定

1.1　重量法

采用重量法进行黄姜中皂甙元含量测试，方法参照《盾叶薯蓣（黄姜）》（郧西 DB42/T213）的第 2 部分——盾叶薯蓣（黄姜）试验方法，各测试企业略有差异，具体操作如下。

1）物料准备

测定物料为鲜黄姜，首先将取来的新鲜黄姜切片，称重分成 4～6 等份，分别置于料理机中粉碎。为测定发酵后黄姜皂甙元的含量，取粉碎后物料 2～3 等份，作为平行样品，加入适量水置于恒温培养箱中发酵，发酵时间为 24～72h，再进行水解提取皂甙元。未发酵的黄姜可直接进行水解提取皂甙元。

如物料为生产环节中实际物料，直接称重分成 2～3 等份便可。

2）酸水解

将物料倒入球形烧瓶中，加入适量的自来水，然后加入一定量浓硫酸（或浓盐酸），用电热炉加热进行水解。当第一次沸腾时，到烧瓶内出现适量的泡沫时（不要等到出现太多泡沫，否则泡沫会向上冲堵塞冷凝管），立即关掉电炉，停止加热，待不再出现泡沫后再次打开电炉进行加热，直到第二次沸腾时开始计时。酸水解的反应时间为 5～6h，水解时间到后，停止加热。

3）水解物的洗涤、烘干

水解结束后，将球形烧瓶取下，将反应瓶中的溶液使用真空抽滤机或滤布进行洗涤（洗涤前的滤纸或滤布应烘干称重）。水洗过程中，不断搅拌水解物，并用 pH 试纸测试抽干后固体的 pH 值，直到水解物洗至中性。

将洗完后的水解物和滤纸或滤布置于烘箱中，烘干至恒重。

4）提取皂甙元

将烘干的水解物取出冷却，用天平称出滤纸或滤布加干燥水解物的总重量，此重量减去滤纸或滤布的重量即为干燥水解物的重量，记下数据。

将干燥后的水解物碾碎，取适量水解物置于塞有棉花的小纸筒中封好，将小纸筒置于索氏提取器中提取皂甙元。萃取溶剂为汽油，汽油的体积约为 350～400mL，加热沸腾后开始计时，提取时间为 4～5h。反应停止后，将烧瓶内含有皂甙元的溶液继续加热直到剩余溶液体积大约在 40～50mL（皂甙元与汽油的比例一般为 1：40），多余的汽油在此过程中进行回收。提取结束后，取下烧瓶，让其自然冷却结晶，时间为 2h。

若水解物中皂甙元含量很高（如微波破壁—甲醇提取工艺产生的水解物），采用以下提取方法：将干燥后的水解物碾碎，取适量水解物，加入糠（与水解物重量比1∶1）和活性炭（10％水解物），一并置于塞有棉花的小纸筒中封好，将小纸筒置于索氏提取器中提取皂甙元。萃取溶剂为汽油，汽油的体积约为250～300mL，加热沸腾后开始计时，提取时间为8～9h。其他同上。

5）洗涤、干燥皂甙元

冷却结晶结束后，将结晶物置于滤纸上用真空抽滤机进行洗涤，用汽油将皂甙元重复洗涤（滤纸事先烘干称重），洗净后关掉抽滤机，将洗出的皂甙元和滤纸一同置于烘箱中干燥1h。之后将皂甙元取出冷却后称重，记下数据。

6）皂甙元含量的计算

$$皂甙元提取率 = \frac{提取的皂甙元的重量}{纸筒中所取水解物重量} \times 100\%$$

$$皂甙元含量 = \frac{\dfrac{提取的皂甙元重量}{纸筒中所取水解物重量} \times 水解物总净重}{物料重量} \times 100\%$$

1.2　ASE-HPLC法

该方法用于测定物理分离法工艺提供的4个样品（黄姜块茎、黄姜根须、压后纤维和淀粉）中薯蓣皂甙元（皂素）的含量，参照《ASE-HPLC法测定黄姜中薯蓣皂甙元的含量》[①]。

1）粉碎、研磨和筛分

黄姜块茎：切片，用植物粉碎机2次粉碎，60℃烘干，研磨，经35～65目筛筛分，粒径控制在0.255～0.5 mm，待用。

黄姜根须：60℃烘干，剪碎，研磨，经35～65目筛筛分，粒径控制在0.255～0.5 mm，待用。

压后纤维：60℃烘干，研磨，待用。

淀粉：60℃烘干，研磨，待用。

2）预发酵

准确称取各待用样品（黄姜块茎0.6000g，黄姜根须0.6000g），用去离子水将其浸润湿透，再加入适量去离子水，放入恒温箱中39℃预发酵48h。预发酵是利用薯蓣植物（本实验所用为黄姜）内酶的作用，使原存在于该植物中的皂甙经酶解成次级甙，以便提高后续酸解的效率。

3）加酸水解

准确称取各待用样品（黄姜块茎0.6000g，黄姜根须0.6000g，压后纤维6.0000g，淀粉6.0000g），加2mol/L的硫酸溶液480mL，于沸水浴中酸解4h，冷却后抽滤，滤渣用去离子水洗至中性，60℃烘干。

---

① 贾林，张皋，刘红妮等．ASE-HPLC法测定黄姜中薯蓣皂甙元的含量［J］．化学分析计量，2007，16（4）：18-20。

4）ASE（Accelerated solvent extraction）萃取

将上述酸解干燥后的残渣连同滤纸一起放入加速溶剂萃取仪（Dionex ASE 300，USA）的萃取池中用甲醇进行萃取。萃取完成后，将 ASE 300 收集瓶中的液体转移至 100mL 容量瓶中，用甲醇稀释至刻度，即得样品溶液。

ASE 萃取条件如下：

提取溶剂：甲醇（色谱纯）；萃取预热时间：2min；萃取加热时间：5min；静态萃取时间：15min；萃取温度：100℃；萃取压力：1500psi；冲洗溶剂体积比例：60%；氮气吹扫：100s；萃取循环 2 次。

5）HPLC 检测

将薯蓣皂甙元标准品溶于甲醇配制成标准溶液，待 HPLC（高效液相色谱，HITACHI L-2000）基线平稳后用外标法进行标准溶液和样品溶液的测定。

HPLC 检测条件如下：

色谱柱：Thermo Scientific Hypersil Gold C18（250mm×4.6mm×5μm）；流动相：甲醇/水＝95/5（色谱纯甲醇和 Milipore 超纯水）；流速：1mL/min；柱温：25℃；进样量：20μL；DAD 检测器设定波长 209nm。

1.3　旋转蒸发浓缩-ASE-HPLC 法

该方法用于测定液化-糖化法工艺分离出的糖液中皂素的含量。

1）旋转蒸发浓缩

分离后糖液：取样量 4L，于旋转蒸发器上进行蒸发浓缩，温度控制在 50～55℃，浓缩至体积约为 500mL。

2）加酸水解

每个烧瓶中取 250mL 溶液，加 40mL 浓硫酸，使溶液中硫酸浓度 2.5M，将烧瓶置于沸水浴中连续加热酸解 4h（自溶液开始沸腾算起），冷却后抽滤，滤渣用去离子水洗至中性；60℃烘干。

3）ASE 萃取

同 1.2 中方法。

4）HPLC 检测

同 1.2 中方法。

2　皂素质量的测定

皂素质量标准参照陕西 DB 2184—85，主要内控标准见附表 A-1。

皂素质量标准

附表 A-1

项　目	性　状	熔　点	醇不溶物	干燥失重
内控标准	白色粉末状结晶，无味	195～205℃	无浑浊	≤0.50%

2.1 熔点检测

1) 实验用仪器

WRR 熔点仪。

2) 标准操作步骤

取供试品适量在干燥洁净的玻板上研成细粉，置于干燥洁净的称量瓶中，在105℃干燥2h，干燥器冷却，备用。

分别取供试品适量，置于 WRR 熔点仪专门配置的毛细管中，使之自由落下，反复数次，使粉末紧密聚结在毛细管熔封端，装入供试品高3mm，共5支备用。

按熔点仪标准操作规程进行操作（调节升温速度为 1.0～1.5℃/min，局部液化或产生气泡为初熔点），并作好详细记录。

2.2 醇不溶物检查

取供试品制成1%乙醇溶液于室温检视，不得浑浊。

2.3 干燥失重

1) 实验用仪器

分析天平（精度为十万分之一）、烘箱、称量瓶。

2) 标准操作步骤

取供试品适量，混合且研碎成 2mm 以下小粒，精密称取 1.0000±0.0005g 供试品，平铺于与供试品同样条件下干燥至恒重的扁形称量瓶中，其厚度不超过5mm，置于烘箱内 105℃干燥。

3h 后取出放置于干燥器中冷却至室温（放置 30～60min），然后精密称定。然后，每烘烤 1h 称定 1 次，至相邻称定重量基本不变，即相差±0.0003g 时为最终称定，以最小值为计算数值。干燥失重按下式计算：

$$干燥失重 = \frac{减失重量}{样品取样实际重量} \times 100\%$$

每次实验作平行实验，误差范围不得大于检测结果的 50%，以两次的平均值为最终结果。

3 还原糖的测定——直接滴定法

该方法用于液化—糖化工序后分离出的稀糖液与浓糖液中糖的含量测定，参照《食品中还原糖的测定》GB/T 5009.7—2008。

3.1 试剂

1) 碱性酒石酸铜甲液

称取 15g $CuSO_4 \cdot 5H_2O$ 及 0.05g 次甲基蓝，溶于水中并稀释至 1000mL。

2）碱性酒石酸铜乙液

50g 酒石酸钾钠，75g 氢氧化钠，溶于水中，再加入 4g 亚铁氰化钾，完全溶解后，用水稀释至 1000mL，贮存于橡胶塞玻璃瓶中。

3）盐酸溶液（1＋1）

量取 50mL 盐酸，加水稀释至 100mL。

4）葡萄糖标准溶液

精密称取 1.000g 经 98～100℃ 干燥至恒重的纯葡萄糖，加水溶解后加入 5mL 盐酸，加水稀释至 1000mL。此溶液相当于 1mg/mL 葡萄糖。

3.2　标定碱性酒石酸铜溶液

取 5mL 甲液和 5mL 乙液，置于 150mL 锥形瓶中，加水 10mL，加玻璃珠 3～4 粒，从滴定管中滴加约 9mL 葡萄糖标准溶液，控制在 2min 内加热至沸腾，保持沸腾以每 2s 1 滴的速度继续滴加葡萄糖标准溶液，直至溶液蓝色刚好褪去为终点，记录消耗葡萄糖标准溶液的总体积。平行操作 3 份，记录平均消耗体积。

3.3　样品处理

将取来的样品摇匀，用干燥的滤纸过滤，得到滤液。然后移入 250mL 容量瓶中，加水至刻度，混匀后备用。

3.4　样品测定

取 5mL 甲液，5mL 乙液，置于 150mL 锥形瓶中，加入样品 10mL，加入玻璃珠 3～4 粒，控制在 2min 内加热至沸腾：保持沸腾以先快后慢的速度，从滴定管中滴加葡萄糖标准溶液，并保持沸腾状态，待溶液颜色变浅时，以每 2s 1 滴的速度滴定，直至溶液蓝色刚好褪去为终点，记录消耗葡萄糖标准溶液的体积。平行操作 3 份，记录平均消耗体积。

3.5　计算结果

$$x_2 = \frac{(V_1 - V_2) \times x_1}{m \times 10/250} \times 100\%$$

式中　x_2——样品中还原糖的含量（以葡萄糖计），％；

　　　x_1——葡萄糖标准溶液浓度，mg/mL；

　　　V_1——标定时平均消耗葡萄糖溶液体积；

　　　V_2——测定时平均消耗葡萄糖溶液体积，mL；

　　　m——样品质量，mg。

主要参考文献

［1］ 但锦锋，袁松虎，刘礼祥等.皂素废水处理工程的设计与调试运行［J］.环境工程，2006，24（4）：20～24.

［2］ 丁志遵，唐世蓉等.甾体激素药源植物［M］.北京：科学出版社，1983.

［3］ 四川省生物研究所体细胞组.盾叶薯蓣组织培养研究所报［J］.植物学报，1978，9（20）：3，279～280.

［4］ 孙长顺，徐军礼，张振文等.三室电渗析回收黄姜皂素水解废液中硫酸的研究［J］.给水排水，2012（7）.

［5］ 徐朝辉，刘小玉，童蕾等.曝气内电解—臭氧法预处理皂赛废水的研究［J］.水处理技术，2006，26（10）.52～55.

［6］ 徐成基.中国薯蓣资源——甾体激素药源植物的研究与开发［M］.成都：四川科学技术出版社，2000：13.

［7］ 徐升辱，赵文娟，陈卫锋.应用生物酶法提取黄姜皂素的清洁工艺研究［J］.环境科学与研究，2011，34（2）：162～164.

［8］ 于华忠.一种黄姜提取皂素和鼠李糖的方法：中国，CN103755776A［P］.2014-4-30.

［9］ 喻东，沈竞，高培等.微生物发酵转化黄姜生成薯蓣皂苷元的工艺研究［J］.四川大学学报：自然科学版，2009，46（6）：1781～1792.

［10］ 张寿斗，毕亚凡，刘旋等.黄姜皂素废水处理工程实践及分析［J］.武汉工程大学学报，2008，30（3）.

［11］ 赵志勇.黄姜皂素行业废水处理厌氧段最佳工艺试验研究［D］.武汉：华中理工大学，2012.

［12］ 中国科学院植物总编辑委员会.中国植物志（第13卷）［M］.北京：科学出版社，1990.

［13］ Rothrock JW，Hammes PA，Mcalleer WJ.Isolation of diosgenin by acid hydrolysis of saponin［J］.Ind Eng Chem，1957，49（2）：186.